普通高等教育“十二五”规划教材

计算机网络实验教程

白　淳　李　伟　李树怀　魏国明　编

北　京
冶　金　工　业　出　版　社
2012

内 容 提 要

本书由网络综合布线实验部分和网络配置实验部分组成，以实用技术为主，介绍当前网络互联网中广泛使用的网络主流技术，其内容主要包括交换机、路由器、网络地址转换、访问控制列表、网络管理、IPv6 等，并结合网络实训内容，指导读者在实际的网络设备上进行网络设计和管理。

本书为高等院校计算机及网络专业本科生实验教材，也可作为研究生的实验教材或从事计算机网络设计、管理和测试工作的工程技术人员的参考用书。

图书在版编目(CIP)数据

计算机网络实验教程/白淳等编．—北京：冶金工业出版社，2012.6

普通高等教育“十二五”规划教材

ISBN 978-7-5024-5996-3

Ⅰ.①计…　Ⅱ.①白…　Ⅲ.①计算机网络—实验—高等学校—教材　Ⅳ.①TP393-33

中国版本图书馆 CIP 数据核字(2012)第 152267 号

出 版 人　曹胜利
地　　址　北京北河沿大街嵩祝院北巷 39 号，邮编 100009
电　　话　(010)64027926　电子信箱　yjcbs@cnmip.com.cn
策划编辑　俞跃春　责任编辑　俞跃春　常国平　美术编辑　李　新
版式设计　孙跃红　责任校对　郑　娟　责任印制　张祺鑫
ISBN 978-7-5024-5996-3
北京百善印刷厂印刷；冶金工业出版社出版发行；各地新华书店经销
2012 年 6 月第 1 版，2012 年 6 月第 1 次印刷
787mm×1092mm　1/16；10.75 印张；256 千字；163 页
26.00 元

冶金工业出版社投稿电话：(010)64027932　投稿信箱：tougao@cnmip.com.cn
冶金工业出版社发行部　电话：(010)64044283　传真：(010)64027893
冶金书店　地址：北京东四西大街 46 号(100010)　电话：(010)65289081(兼传真)

前　言

随着计算机网络技术的迅猛发展，计算机网络对人们生活、工作、学习和科学研究等，产生着越来越重要的影响。计算机网络技术作为计算机学科最重要的研究领域和最重要的社会信息基础设施的支撑技术之一，在飞速发展的同时也存在大量急需解决的挑战性问题。因此，研究网络的基础理论，解决网络发展的关键技术，培养适应网络时代需要的高质量人才，是在新形势下高校所面对的首要任务。建设先进的网络实验体系和实验教材，对于培养网络时代高质量人才具有重要的意义。

目前，国内很多高校在计算机学科的本科生和研究生课程中都开设了计算机网络类课程，并开设相应的实验。但是，完整覆盖计算机网络技术各个层次和方面的网络实验教材还是十分缺乏。

本书内容是在河北联合大学计算机网络实验室的建设过程中逐渐积累，并结合作者自己的教学和科研实践而编成的。全书分两大部分，共十章。第一部分是网络综合布线实验，包括网络布线基本技能和网络综合布线工程实践；第二部分是网络配置实验，包括常用网络管理命令、网络设备配置基础、网络交换配置、网络路由配置、配置网络地址转换、配置访问控制列表、IPv6 实验及系统管理等内容。

本书在内容的安排上力求循序渐进，先通过基础实验来铺垫对计算机网络的认识和了解，进而通过难度较大的实验来加深对网络原理及技术的理解和掌握。

本书由白淳编写第一章、第二章、第六至第八章，李伟编写第三至第五章、第九章、第十章。李树怀、魏国明两位老师也参与了实验的设计及部分编写工作。在编写过程中还得到了邓红老师的大力帮助，谨在此表示衷心的感谢。

由于编者水平所限，书中不足之处，敬请广大读者批评指正。

编　者
于河北联合大学
2012 年 5 月

目　　录

网络综合布线实验部分

网络配置实验部分

网络综合布线实验部分

第一章　网络布线基本技能

实验一　双绞线端接原理实验

一、实验目的

（1）了解水晶头端接原理和端接技巧。

（2）了解110型模块端接原理和端接技巧。

（3）了解EIA/TIA 568A、EIA/TIA 568B双绞线端接标准的应用。

（4）了解双绞线的色谱、剥线技巧、预留长度和压接顺序。

二、实验要求

（1）了解双绞线端接原理及各种端接方式。

（2）熟悉EIA/TIA 568A、568B双绞线端接标准。

三、预备知识

1. 认识双绞线

常见的用来组建网络的双绞线，通常是一条线中包含了四对绞线，两两相绕以帮助减少对载有数据的信号的干扰。每对双绞线都是由一根彩线和一根白线相绕，四对绞线中彩线的颜色分别为：橙色、棕色、蓝色、绿色，而相应的八根导线的颜色分别为：橙、白橙、棕、白棕、蓝、白蓝、绿、白绿。

双绞线分为屏蔽双绞线与非屏蔽双绞线两大类。这两大类绞线由于传输速度的不同又分为多种具体的型号，如1类、2类、3类、4类、5类、超5类、6类、超6类、7类等。除了传统的语音系统仍然在使用3类双绞线以外，网络布线目前基本上都在采用超5类或6类非屏蔽双绞线。如果需要更高的传输速率或者更加安全地传输，可选择7类屏蔽双绞线。

（1）屏蔽双绞线（STP）。由成对的绝缘实心电缆组成，在实心电缆上包围着一层编织的屏蔽。编织的屏蔽用于室内布线，起皱的屏蔽用于室外或地下布线。屏蔽减少了RFI（电磁干扰）和EMI（射频干扰）。

优点：抗干扰能力强。

（2）非屏蔽双绞线（UTP）。由位于绝缘的外部遮蔽套内的成对电缆线组成，在一对一对地缠绕在一起的绝缘电线和电缆外部的套之间并没有屏蔽。

优点：价格相对便宜且易于安装，是最常用的网络电缆。

2. RJ45 接头

RJ45接头上有8个连接点，接头上的每个连接点都是一片铜片，与电缆接触的一端比较尖锐，好像刀片一样，这样用压线器压紧RJ45头时这些铜片就可以切破铜线的绝缘外皮，使铜片和电缆的铜线紧密接触，起到传导信号的作用。

在双绞线的8根铜线中，只有4根在数据传输过程中起到了作用。1、2这对绞线负责发送资料，而3、6这对绞线负责接收资料。不过在制作RJ45接头时，一般的习惯还是将8根铜线全部接在RJ45接头上。

3. RJ45 接线标准

RJ45的接线标准有两个：EIA/TIA 568A和EIA/TIA 568B，如图1-1所示。

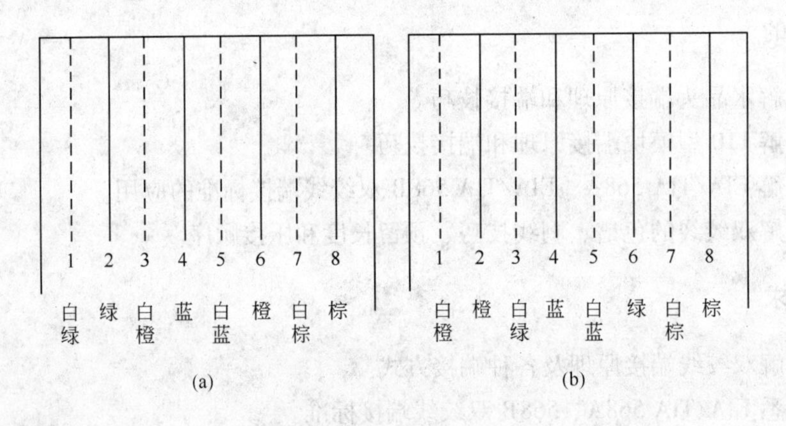

图1-1　RJ45 接线标准
（a）EIA/TIA 568A；（b）EIA/TIA 568B

二者没有本质的区别，只是颜色上的区别。工程中使用比较多的是EIA/TIA 568B打线方法。

四、实验内容和步骤

1. RJ45 水晶头端接原理

利用压线钳机械压力使RJ45头中的金属刀片先压破线芯绝缘护套，再压入铜线芯中，最后实现刀片与铜线芯的电气连接。每个RJ45头中有8个刀片，每个刀片与1个线芯连接。

注意观察RJ45水晶头端接前后8个刀片位置，如图1-2和图1-3所示。

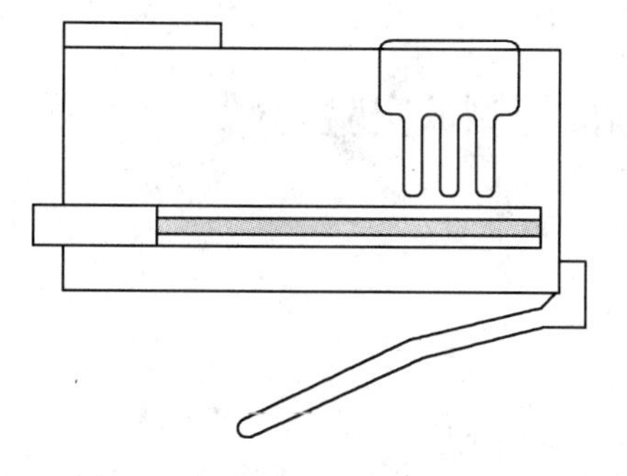
图 1-2　RJ45 水晶头刀片端接前

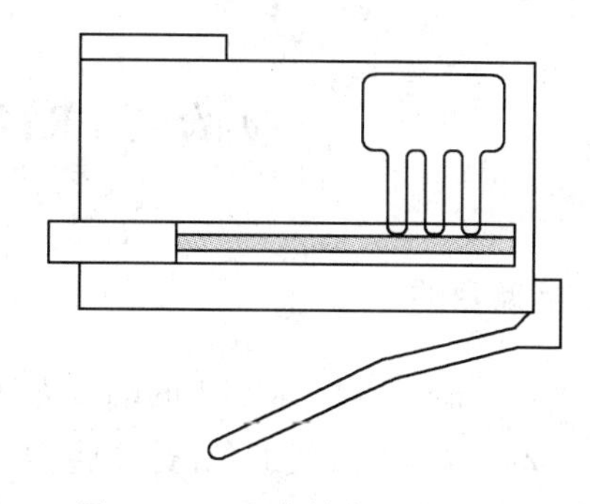
图 1-3　RJ45 水晶头刀片端接后

2. 110 型模块端接原理

利用打线钳的机械压力使双绞线的 8 根线芯逐一压接到模块的 8 个接线口刀片中，在快速压接过程中刀片首先快速划破线芯绝缘护套，然后与铜芯紧密接触，利用刀片的弹性实现刀片与线芯的长期电气连接，这 8 个刀片通过电路板与 RJ45 口的 8 个弹性针脚（镀金或镀镍）电连接。在压接过程中利用打线钳前端的小刀片截掉多余的线头。

仔细观察 110 型模块刀片和打线后刀片与线芯位置，如图 1-4 和图 1-5 所示。

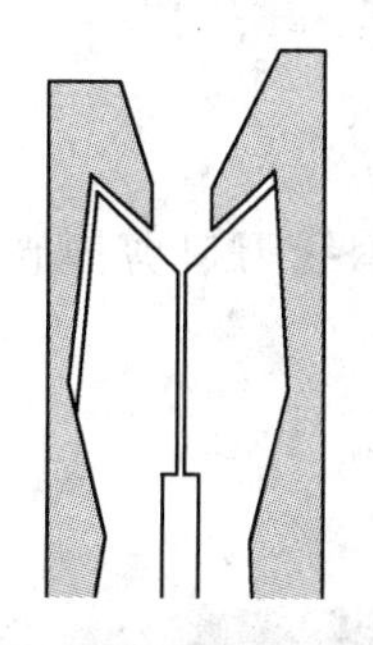
图 1-4　110 型模块刀片位置

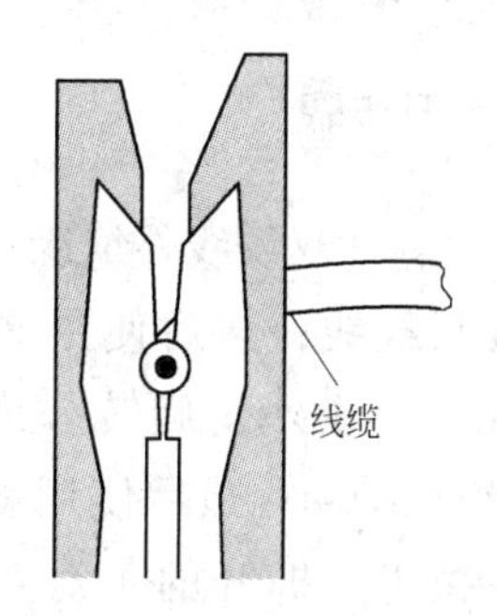

图 1-5　打线后刀片与线芯位置

3. RJ45 模块端接原理

根据线序和模块刀口位置分别拆开单绞线，将线芯按照线序逐一放到对应的模块刀口，用压线钳快速压紧，在压接过程中利用压线钳前端的小刀片裁剪掉多余的线头，盖好防尘罩。进行网路模块和 5 对连接块端接时，必须按照端接顺序和位置把每对对绞线拆开并且端接到对应的位置，每对对绞线拆开绞绕的长度越短越好，特别是在六类、七类系统端接时非常重要，直接影响永久链路的测试结果和传输速率。

图 1-6 为 RJ45 模块端接过程。

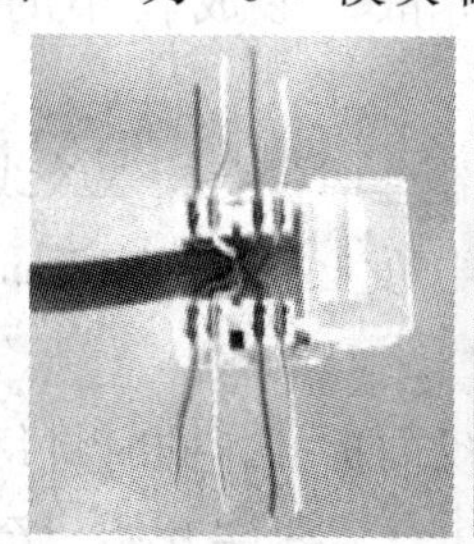
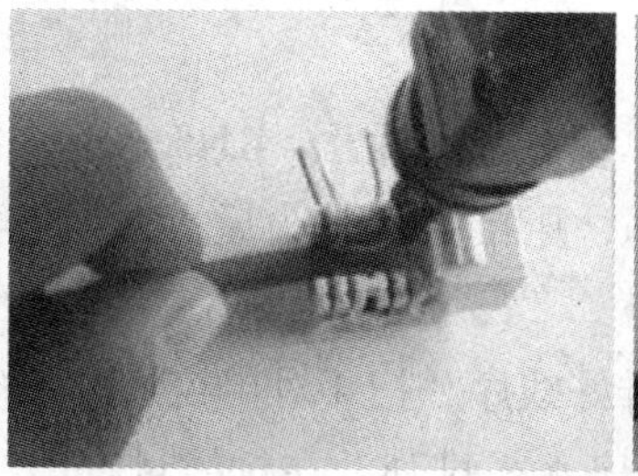

图 1-6　RJ45 模块端接过程

实验二　RJ45 水晶头端接与测试实验

一、实验目的

（1）掌握 RJ45 水晶头的端接方法和技巧。
（2）掌握双绞线的色谱、剥线方法、预留长度和压接顺序。
（3）掌握双绞线压接常用工具的使用方法及操作技巧。
（4）掌握网络跳线的测试方法。

二、实验要求

（1）完成 4 根双绞线两端剥线，不能损伤线芯绝缘，长度须规范。
（2）完成 4 根网络跳线端接实训，压接 8 个 RJ45 水晶头。
（3）可使用双绞线端接测试仪完成网络跳线接线图测试，并排除故障。

三、实验内容及步骤

第一步：剥开双绞线外绝缘护套。首先利用压线钳的剪线刀口剪掉破损的双绞线并将护套套入双绞线；然后使用剥线刀（或压线钳）沿双绞线外皮旋转一周，剥去约 30mm 的外绝缘护套；最后使用斜口钳（偏口钳）剪除拉绳。拆开的 4 对双绞线如图 1-7所示。

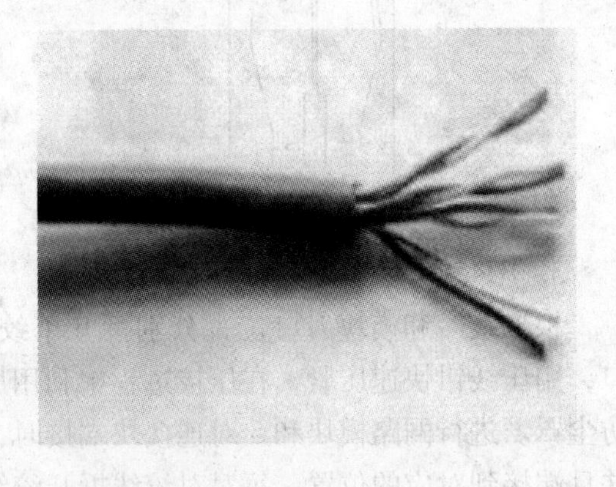

图 1-7　拆开的 4 对双绞线

注意：不能损伤 8 根线芯的绝缘层，更不能损伤任何一根铜芯。

第二步：拆开 4 对双绞线，将端头已经抽去外皮的双绞线按照对应颜色拆开成为 4 对单绞线。拆开 4 对单绞线时，必须按照绞绕顺序慢慢拆开，同时保持单绞对不被拆开并保持较大的弯曲半径，不允许硬拆线或者强行拆散，形成较小的弯曲半径。

第三步：拆开单绞线，将 4 对单绞线分别拆开。RJ45 水晶头制作时注意，双绞线的接头处拆开线段的长度不应超过 20mm，压接好水晶头后拆开线芯长度必须小于 13mm，过长会引起较大的近端串扰。

第四步：拆开单绞线和 8 芯线排好线序。把 4 对单绞线分别反向拆开，同时将每根线轻轻地捋直，按照 EIA/TIA 568B 线序水平排列。在排线过程中注意从线端开始，至少保证每 10mm 导线之间不应有交叉或者重叠。EIA/TIA 568B 线序为白橙、橙、白绿、蓝、白

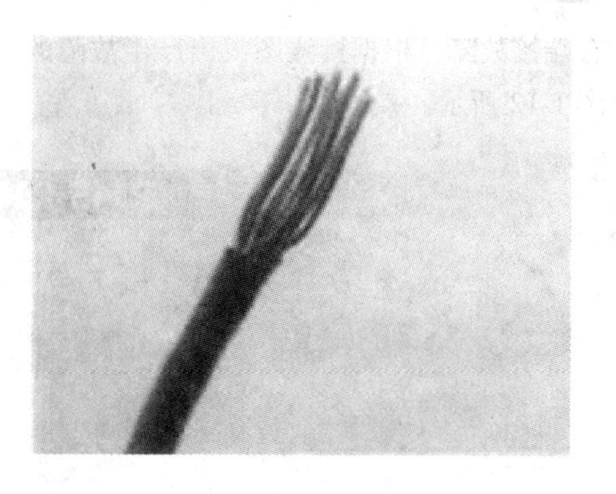

图 1-8　EIA/TIA 568B 线序

蓝、绿、白棕、棕，如图 1-8 所示。

第五步：剪齐线端。把整理好的线序的 8 根线端头一次剪掉，留 14mm 长度。

第六步：插入 RJ45 水晶头和压接。把水晶头刀片一面朝自己，将白橙线对准第一刀片插入 8 芯双绞线，每芯线必须对准一个刀片，插入 RJ45 水晶头内，保持线序正确，而且一定要插到底，如图 1-9 所示。然后放入压线钳对应的刀口中，用力一次压紧，压接后 RJ45 水晶头如图 1-10 所示。

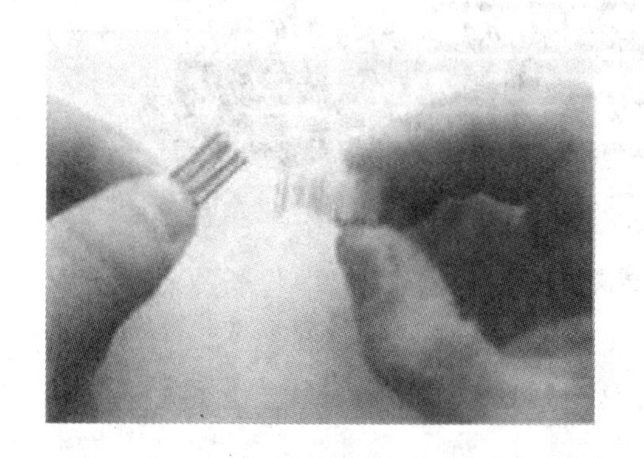

图 1-9　插入 RJ45 水晶头

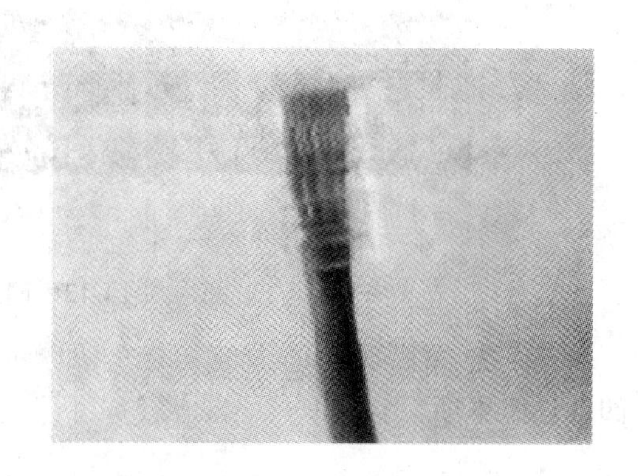

图 1-10　压接后 RJ45 水晶头

重复第一步到第六步，完成另一端水晶头制作，这样就完成了一根网络跳线了。

第七步：网络跳线测试。

（1）插入网络跳线。把刚做好的网络跳线 RJ45 水晶头两端分别插入 GCT-MTP 前面板上下对应的 RJ45 接口中（虚线标注框）。测试 4 条线缆如图 1-11 所示。

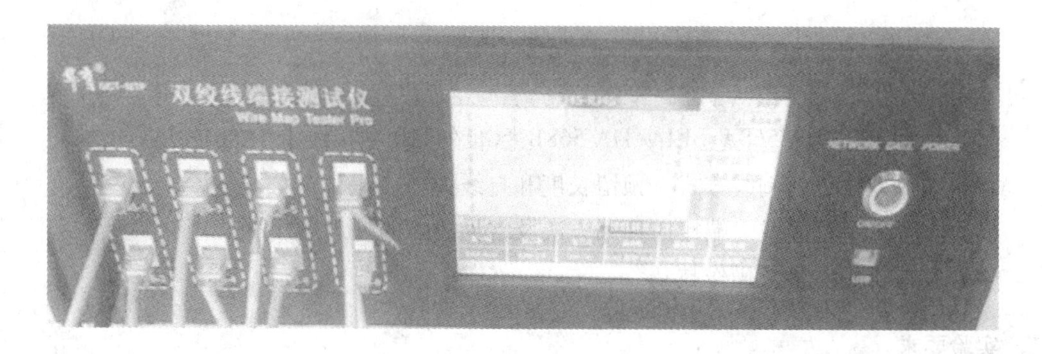

图 1-11　测试 4 条线缆

（2）网络跳线测试。在触摸式 LCD 屏上点击“接线图测试”按键，LCD 上显示线图测试相关按键；紧接着点击“前面板”按键；等“前面板”按键底色变绿后，稍用力点击“测试”按键；最后观察 LCD，LCD 上逐一显示每条线缆的接线图和接线类型，如果有端接故障，根据接线图找出产生故障的原因，并重新压接水晶头。网络跳线测试过程如图 1-12 所示。

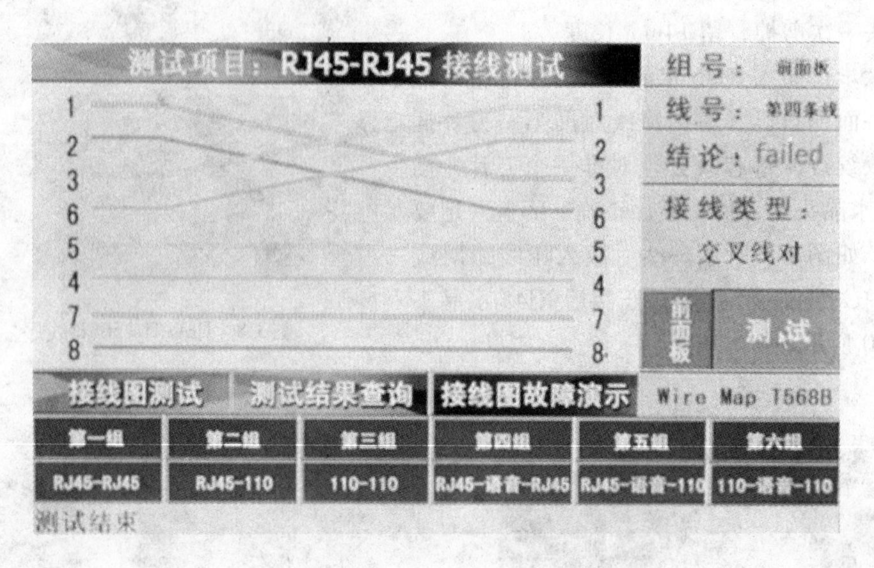

图 1-12　网络跳线测试过程

四、注意事项

（1）GCT-MTP 双绞线端接测试仪以 4 条线为一测试组（大概需要 40s），测试过程中严禁点击其他功能按键。

（2）GCT-MTP 双绞线端接测试仪在测试接线图串对故障时，双绞线长度须达到 3m。

实验三　4 对 110 型接线卡打线实验

一、实验目的

（1）掌握 EIA/TIA 568A、EIA/TIA 568B 标准在 110 型接线卡中的应用。

（2）掌握双绞线的剥线方式、预留长度和打线技巧。

（3）掌握 110 型接线卡端接原理和方法及常见故障的处理。

（4）掌握常用工具及操作技巧。

二、实验要求

（1）严格按照 EIA/TIA 568B 标准线序排列、打接双绞线线芯。

（2）完成 4 根双绞线两端剥线，不能损伤线芯绝缘，剥线长度适中。

（3）完成 4 根双绞线两端端接，可以打接 64 根线芯，保证端接正确。

（4）排除端接中出现的开路、短路、反向线对、交叉线对、串对端接故障。

三、实验内容及步骤

第一步：剥离双绞线外绝缘层。利用剥线刀将双绞线一端剥去外绝缘层2cm，在剥离外绝缘层过程中防止损伤线芯绝缘层，更要防止线芯损伤或割断。

第二步：分开4对单绞对。按照对应颜色拆开4对单绞对，拆开4对单绞对时，按照缠绕方向逆向拆开；同时保持单绞对不被拆开并保持较大线芯弯曲半径；不能强拆或硬折线对，造成线缆损坏。

第三步：拆开单绞对，参照110接线卡卡槽距离，分别将4对单绞对按需分拆。

第四步：打开GCT-MTP双绞线端接测试仪电源开关，准备对端接线缆质量进行测试。

第五步：按照EIA/TIA 568B标准线序端接。首先将双绞线一端的8根线芯卡入110型接线卡接口中，然后用打线钳打线刀嘴逐一将线芯打接到110型接线卡接口的刀口中，实现电气连接，如图1-13所示。

注意：打线钳须与110型接线卡刀口平行，且切刀朝向110型接线卡外侧台阶，以备切掉多余线头。110型接线卡端接示意图如图1-14所示。

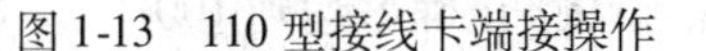
图1-13　110型接线卡端接操作

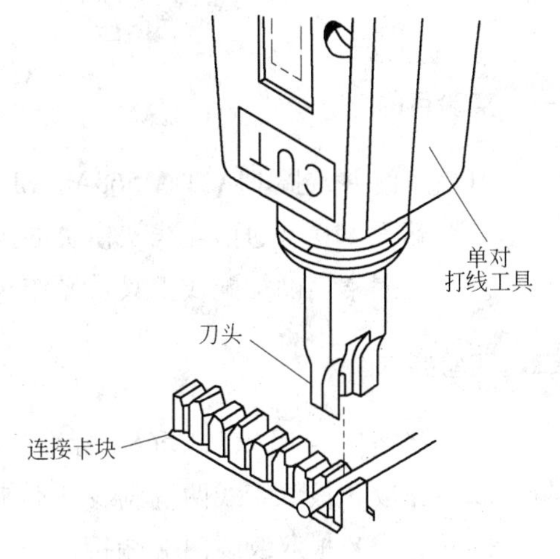

图1-14　110型接线卡端接示意图

端接顺序按照综合布线实训装置所标注EIA/TIA 568B标准线序。

第六步：另一端端接，重复第一至第五步。

第七步：重复以上相关步骤，完成全部4根双绞线的端接。

第八步：110型接线卡打线质量测试。下面以“实训模组Ⅲ”为例说明：在触摸式LCD屏上点击“接线图测试”按键，LCD上显示接线图测试相关按键；接着点击“第三组”按键，等“第三组”按键底色变绿后，下来点击“110-110”按键；然后稍用力点击“测试”按键；最后观察LCD，LCD上逐一显示每条线缆的接线图和接线类型，如果有端接故障，根据接线图找出产生故障的原因，并重新打接双绞线。110型接线卡测试界面如图1-15所示。

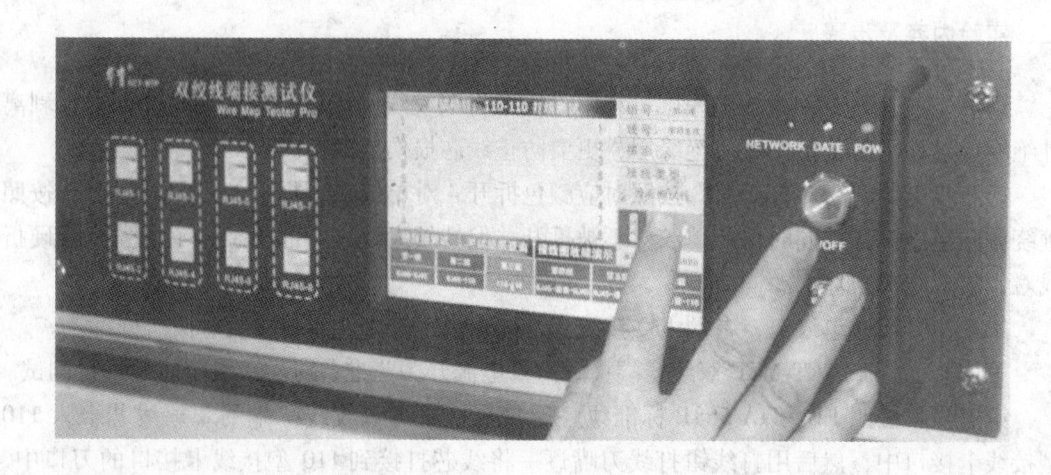

图 1-15 110 型接线卡测试界面

实验四 110 型通信配线架端接实验

一、实验目的

（1）了解并掌握 EIA/TIA 568A、EIA/TIA 568B 标准在 110 型通信配线架的应用。

（2）熟悉 110 型通信配线架模块端接原理和方法，以及常见故障的处理。

（3）掌握常用网络配线工具及操作技巧。

二、实验要求

（1）严格按照 EIA/TIA 568B 标准线序排列、打接双绞线线芯。

（2）完成 8 根双绞线两端剥线，不能损伤线芯绝缘，剥线长度适中。

（3）完成 8 根双绞线两端端接，一端打接到 110 型通信配线架上，另一端压接 RJ45 水晶头。总共可以打线 64 次，压接水晶头 8 次，保证端接正确率达到 100%。

（4）完成链路测试，使不同线缆 RJ45 水晶头分别卡进奇偶配对的 RJ45 测试接口，并排除端接中出现的开路、短路、反向线对、交叉线对、串对端接故障。

三、实验内容及步骤

第一步：取出实验材料（双绞线），准备好剥线刀、110 型打线钳（5 对）、网线钳。观察 110 型通信配线架及 110 型连接块，分别如图 1-16 和图 1-17 所示。

第二步：剥离双绞线外绝缘层。利用剥线刀将双绞线一端剥去外绝缘层 2cm，在剥离外绝缘层过程中防止损伤线芯绝缘层，更要防止将线芯损伤或割断。

第三步：分开 4 对单绞对。按照对应颜色拆开 4 对单绞对，须按照缠绕方向逆向拆开，同时保持单绞对不被拆开并保持较大的线芯弯曲半径，不能强拆或硬折线对，造成线

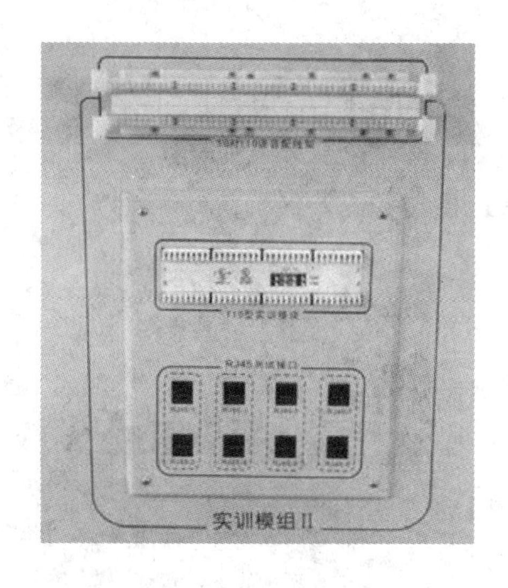

图 1-16　110 型通信配线架

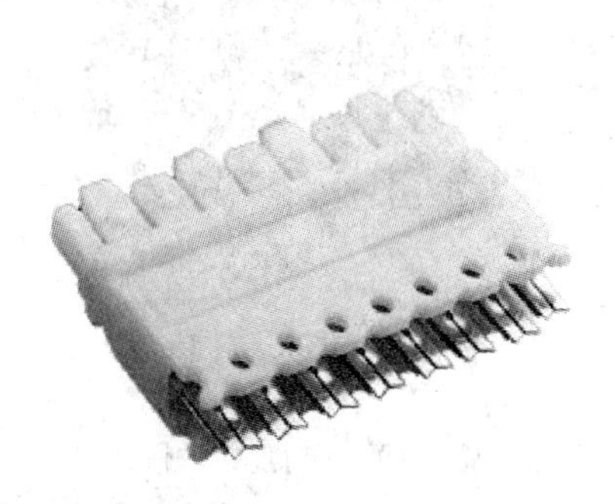

图 1-17　110 型连接块

缆损坏。

第四步：拆开单绞对，依据 110 型接线卡卡槽距离，分别将 4 对单绞对按需分拆。

第五步：双绞线端接。

按照 EIA/TIA 568A 或 EIA/TIA 568B 标准线序端接。同一布线工程中线序标准须统一，通常使用 EIA/TIA 568B。下面以 EIA/TIA 568B 来说明。

（1）将拆开的线芯卡进 110 型通信配线架底座中，将拆开的 8 根线芯向外（即缆线位于 110 型通信配线架底座内，方便理线）逐一卡进 110 型通信配线架底座卡槽中，并按 EIA/TIA568B 线序紧凑卡入；然后使用单对打线刀把 8 根线芯依次打进 110 型通信配线架底座卡槽中。

注意：打线刀须与 110 型接线卡刀口平行，且切刀朝向 110 型通信配线架底座外侧台阶，以备切掉多余线头。单对打线刀如图 1-18 所示。

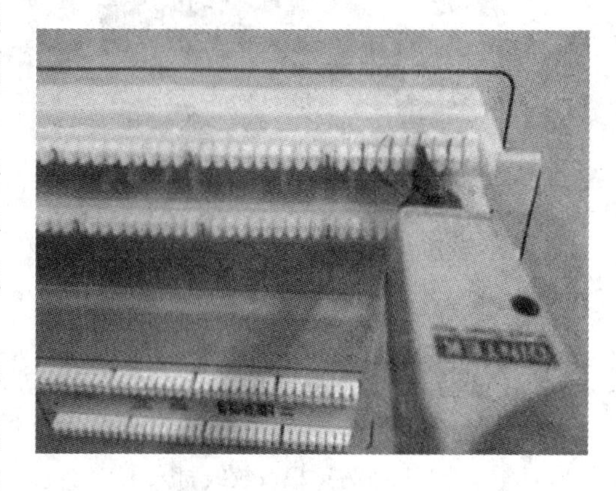

图 1-18　单对打线刀

（2）5 对连接块卡接：将 5 对连接块嵌入 5 对打线刀卡槽中，注意使 5 对连接块卡扣与 110 型通信配线架底座方向一致，如图 1-19 所示。接着把 5 对连接块的 8 个打线刀口对准 110 型通信配线架底座卡槽，然后使用 5 对打线刀机械压力一次性把连接块压入 110 型通信配线架底座中，等听到“咣当”声响即表明完成与底座的端接。5 对连接块压入 110 型配线架如图 1-20 所示。

（3）取另一根双绞线，并打进 5 对连接块中。重复前四步，接着将拆开的 8 根线芯逐一卡进 110 型连接块卡槽中，并按 EIA/TIA 568B 线序紧凑卡入，紧接着使用单对打线刀

图 1-19　5 对连接块嵌入打线刀中示意图

图 1-20　5 对连接块压入 110 型配线架示意图

把 8 根线芯依次打进 110 型连接块卡槽中，如图 1-21 所示。

第六步：另一端端接。两根双绞线另一端按照标准压接 RJ45 水晶头。

第七步：配线。把压接好的两根双绞线的水晶头，插入实训模组上下对应的 RJ45 接口中（如 RJ45-1 和 RJ45-2），如图 1-22 所示。

图 1-21　另一根双绞线打入连接块卡槽中示意图

图 1-22　110 型通信配线架端接示意图

第八步：打开双绞线端接测试仪（GCT-MTP）电源，准备对端接线缆质量进行测试。重复以上步骤，完成全部 8 根双绞线的端接。

第九步：110 型通信配线架链路测试。下面以“实训模组Ⅲ”为例说明：在触摸式 LCD 屏上点击“接线图测试”按键，LCD 上显示接线图测试相关按键；接着点击“第三组”按键，等“第三组”按键底色变绿后，再点击“RJ45-语言-RJ45”按键；然后稍用力点击“测试”按键；最后观察 LCD，LCD 上逐一显示每条线缆的接线图和接线类型，如果有端接故障，根据接线图找出产生故障的原因，并重新打接双绞线。

110 型通信配线架链路测试界面如图 1-23 所示。

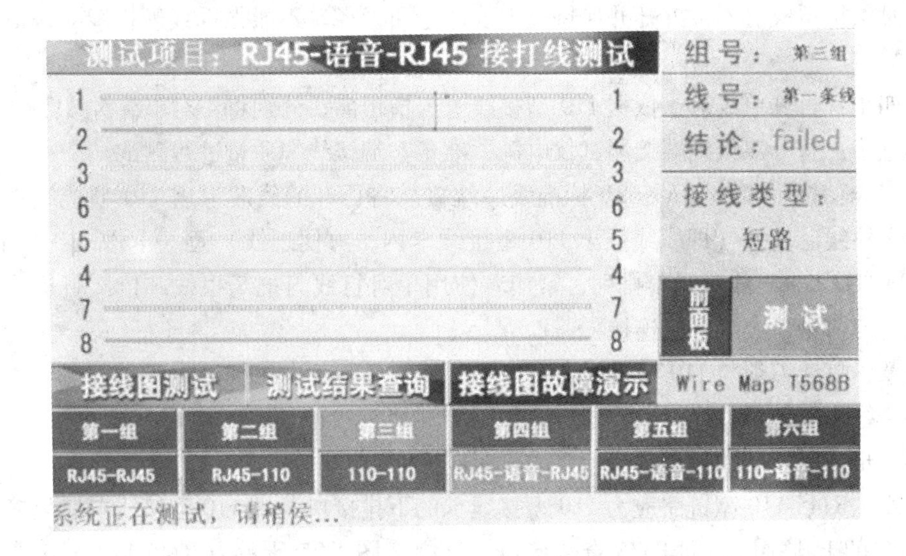

图 1-23　110 型通信配线架链路测试界面

实验五　RJ45——4 对 110 型接线卡跳线制作

一、实验目的

（1）熟练掌握双绞线端接标准 EIA/TIA 568B 线序。

（2）熟练掌握 RJ45 水晶头端接原理和方法及常见故障的处理。

（3）熟练掌握 110 型接线卡模块端接原理和方法及常见故障的处理。

（4）掌握常用网络配线端接工具及操作技巧。

二、实验要求

（1）严格按照 EIA/TIA 568B 标准线序压接水晶头。

（2）严格按照 EIA/TIA 568B 标准线序端接 110 型接线卡模块。

（3）完成 4 根双绞线两端剥线，不能损伤线芯绝缘，剥线长度适中。

（4）完成 4 根双绞线一端水晶头端接，另一端 110 型接线卡模块端接。

（5）排除端接中出现的开路、短路、反向线对、交叉线对、串对故障。

三、实验内容及步骤

第一步：准备好剥线刀、110 型单对打线钳、网线钳。

第二步：剥离双绞线外绝缘层。利用剥线刀将双绞线一端剥去外绝缘层 2cm，在剥离外绝缘层过程中防止损伤线芯绝缘层，更要防止将线芯损伤或割断。

第三步：分开4对单绞对。按照对应颜色拆开4对单绞对，须按照缠绕方向逆向拆开，同时保持单绞对不被拆开并保持较大线芯弯曲半径，不能强拆或硬折线对，造成线缆损坏。

第四步：拆开单绞对，依据110型接线卡卡槽距离，分别将4对单绞对按需分拆。

第五步：打开双绞线端接测试仪电源，准备对端接线缆质量进行测试。

第六步：按照EIA/TIA 568B标准线序端接。将拆开的线芯卡进110型接线卡中，将拆开的8根线芯向外（即缆线位于110型接线卡内，方便理线）逐一卡进110型卡槽中，并按EIA/TIA 568B线序紧凑排列，紧接着使用单对打线刀把8根线芯依次打进110型模块接口的刀口中，实现电气连接。

注意：打线刀须与110型接线卡刀口平行，且切刀朝向110型接线卡外侧台阶，以备切掉多余线头。单对打线刀操作示意图如图1-24所示。

第七步：另一端端接水晶头，并插入对应RJ45测试接口中。

注意：RJ45-110型链路应为110型接线卡的下排接口（即110型接线卡偶数接口）与RJ45接口的上排接口（即RJ45奇数接口）连接。图1-25所示为RJ45-110型接线卡链路连接。

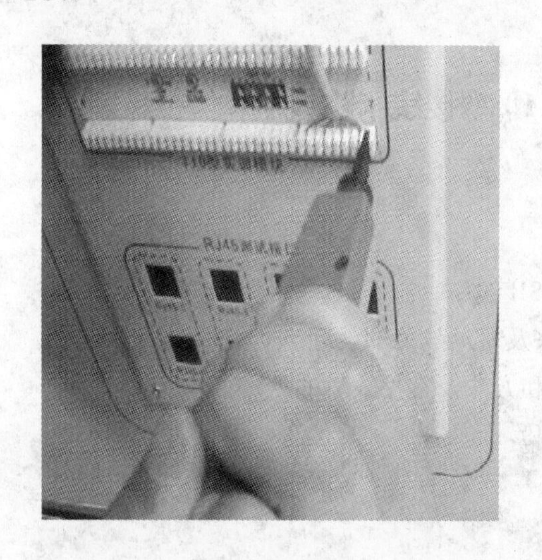

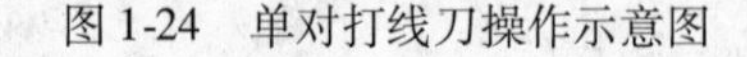
图1-24　单对打线刀操作示意图

图1-25　RJ45-110型接线卡链路连接

第八步：重复以上步骤，完成全部8根双绞线的端接。

第九步：RJ45-110型接线卡链路测试。下面以“实训模组Ⅲ”为例说明：在触摸式LCD屏上点击“接线图测试”按键，LCD上显示接线图测试相关按键；接着点击“第三组”按键，等“第三组”按键底色变绿后，再点击“RJ45-110型”按键；然后稍用力点击“测试”按键；最后观察LCD，LCD上逐一显示每条线缆的接线图和接线类型，如果有端接故障，根据接线图找出产生故障的原因，并重新打接双绞线。RJ45-110型接线卡链路测试界面如图1-26所示。

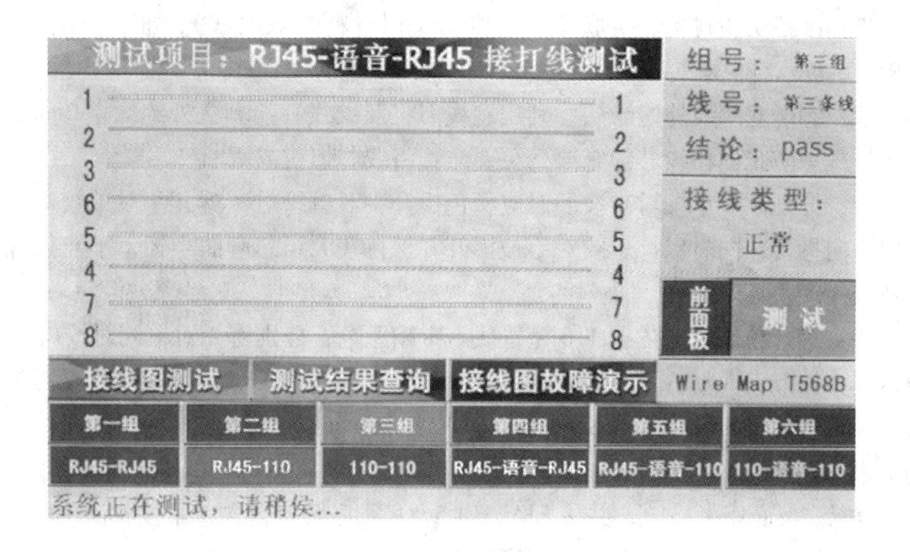

图 1-26　RJ45-110 型接线卡链路测试界面

实验六　复杂链路实验

一、实验目的

（1）熟练掌握 110 型通信配线架、RJ45 网络配线架、水晶头端接方法。

（2）掌握复杂永久链路设计方法。

（3）掌握复杂永久链路测试流程和测试技巧。

（4）能够分步排除链路出现的开路、短路、反向线对、交叉线对，尤其是串对故障。

二、实验要求

（1）至少设计一种复杂永久链路施工图，如（RJ45 接口—110 型通信配线架—RJ45 网络配线架、110 接线卡—110 语音配线架—110 接线卡、RJ45 网络配线架—110 语音配线架—110 型接线卡）。

（2）搭建复杂永久链路并测试通信链路。

（3）完成 8 根双绞线两端剥线，不能损伤线芯绝缘，剥线长度适中。

（4）完成 4 根双绞线一端水晶头端接，另一端 110 型通信配线架端接。

（5）完成 4 根双绞线一端 RJ45 网络配线架端接，另一端 110 型通信配线架端接。

三、实验内容和步骤

第一步：设计一种复杂永久链路施工图，如 RJ45 接口—110 型通信配线架—RJ45 网络配线架，下面以此说明。

第二步：准备实验材料、实验工具。取出实训材料（双绞线），准备好剥线刀、110型打线钳（5对）、网线钳。

第三步：剥离双绞线外绝缘层。利用剥线刀将双绞线一端剥去外绝缘层2cm，在剥离外绝缘层过程中防止损伤线芯绝缘层，更要防止将线芯损伤或割断。

第四步：分开4对单绞对。按照对应颜色拆开4对单绞对，拆开4对单绞对时，按照缠绕方向逆向拆开，同时保持单绞对不被拆开并保持较大线芯弯曲半径，不能强拆或硬折线对，造成线缆损坏。

第五步：拆开单绞对。依据110型接线卡卡槽距离，分别将4对单绞对按需分拆。

第六步：按照EIA/TIA 568A或EIA/TIA 568B标准线序端接。同一布线工程中线序标准须统一，通常使用EIA/TIA 568B。下面以EIA/TIA 568B来说明。

（1）将拆开的线芯卡进110型通信配线架底座中，将拆开的8根线芯向外逐一卡进110型通信配线架底座卡槽中，并按EIA/TIA 568B线序紧凑卡入，紧接着使用单对打线刀将8根线芯依次打进110型通信配线架底座卡槽中。

（2）4对连接块卡接：将4对连接块嵌入4对打线刀卡槽中，注意使4对连接块卡扣与110型通信配线架底座方向一致。接着将4对连接块的8个打线刀口对准110型通信配线架底座卡槽；然后使用4对打线刀机械压力一次性把连接块压入110型通信配线架底座中，等听到“咣当”声响即表明完成与底座的端接。

（3）取另一根双绞线，并打进4对连接块中。重复前四步，接着将拆开的8根线芯逐一卡进110型连接块卡槽中，并按EIA/TIA 568B线序紧凑卡入，紧接着使用单对打线刀把8根线芯依次打进110型通信配线架底座卡槽中。

第七步：另一端端接。一根双绞线另一端按照“RJ45水晶头端接与测试实验”要求压接RJ45水晶头，另一根双绞线按照“4对110型接线卡打线实验”要求打线。

第八步：配线。将压接好的一根双绞线的水晶头插入实训模组RJ45-7接口中，另一根线打接到110型8接口中，如图1-27所示。

第九步：打开双绞线端接测试仪（GCT-MTP）电源，准备对端接线缆质量进行测试。

第十步：重复以上步骤，完成全部8根双绞线的端接。

第十一步：RJ45网络配线架—110语音配线架—110型接线卡链路测试。

下面以“实训模组Ⅲ”为例说明：在触摸式LCD屏上点击“接线图测试”按键，LCD上显示接线图测试相关按键；接着点击“第三组”按键，等“第三组”按键底色变绿后，再点击“RJ45-语音-110”按键；然后稍用力点击“测试”按键；最后观察LCD，LCD上逐一显示每条线缆的接线图和接线类型，如果有端接故障，

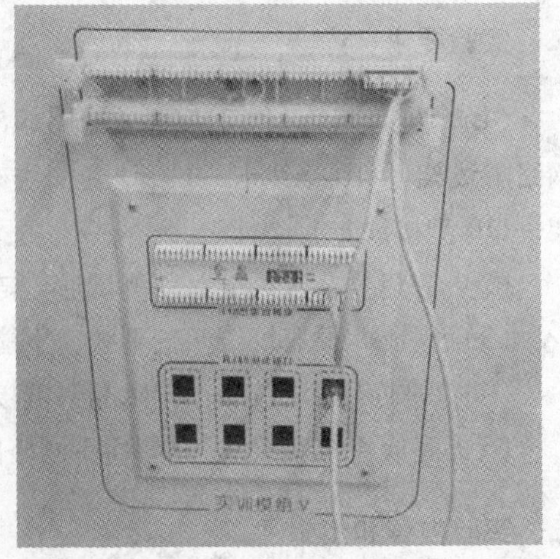

图1-27　RJ45网络配线架—110语音配线架—110型接线卡链路连接

根据接线图找出产生故障的原因，并重新打接双绞线。

RJ45 网络配线架—110 语音配线架—110 型接线卡测试过程如图 1-28 所示。

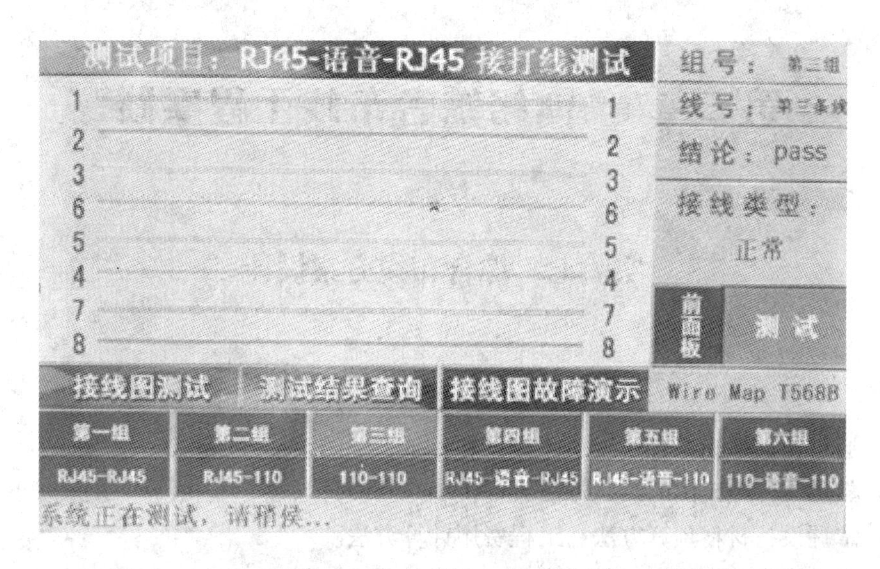

图 1-28 RJ45 网络配线架—110 语音配线架—110 型接线卡链路测试界面

第二章　网络综合布线工程实践

实验七　综合布线方案设计

一、实验目的

（1）通过实训掌握综合布线总体方案和各子系统的设计方法。

（2）熟悉一种施工图的绘制方法（CAD 或 VISIO）。

（3）掌握设备材料预算方法、工程费用计算方法。

（4）设计内容符合国家《综合布线工程设计规范》（GB 50311—2007）。

二、设计要求

（1）完成工作区子系统设计。

（2）完成配线子系统设计。

（3）完成干线子系统设计。

（4）完成管理间子系统设计。

（5）完成设备间子系统设计。

（6）完成建筑群子系统设计。

（7）完成总体方案设计。

（8）熟悉国家《综合布线工程设计规范》（GB 50311—2007）相关设计内容。

（9）掌握设备材料预算方法、工程费用计算方法。

（10）熟练使用 CAD 或 VISIO 绘制综合布线施工图。

三、设计内容

（1）根据设计要求现场勘测一建筑物大楼，从用户处获取用户需求和建筑结构图等资料，掌握大楼建筑结构，熟悉用户需求、确定布线路由和信息点分布。

（2）总体方案和各子系统的设计，并绘制网络拓扑图和布线施工图。某建筑物网络拓扑图如图 2-1 所示。

（3）根据建筑结构图和用户需求绘制综合布线系统图，如图 2-2 所示。

（4）绘制出信息点分布图和机柜布局图，如图 2-3 和图 2-4 所示。

（5）作出信息点分布表，见表 2-1。

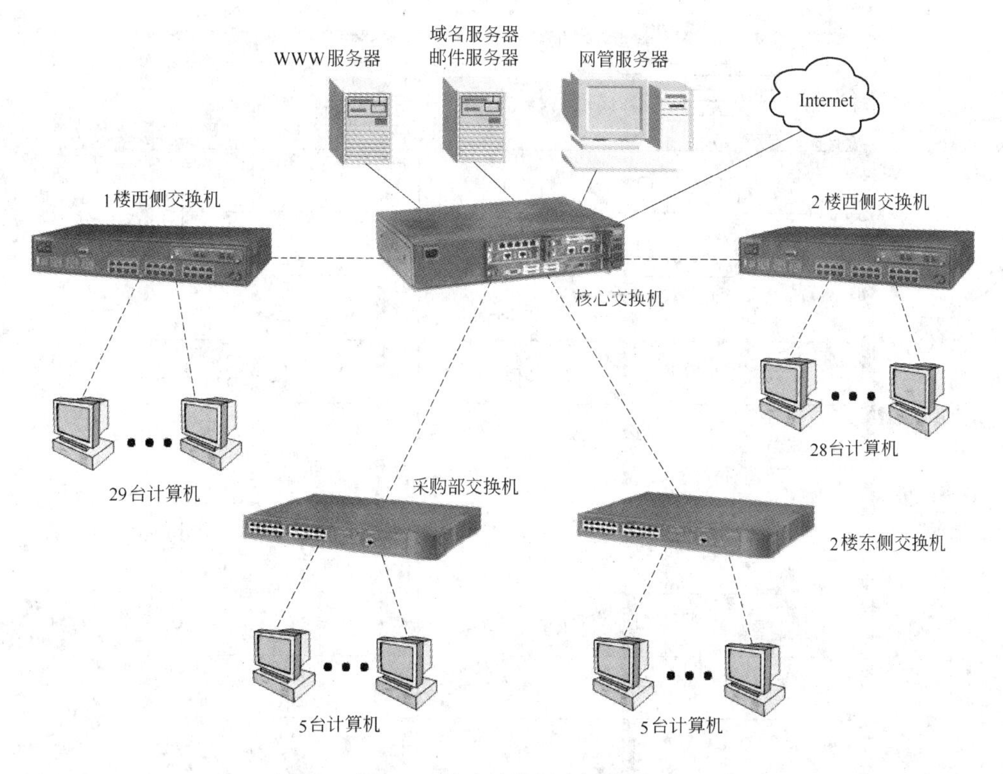

图 2-1　某建筑物网路拓扑图

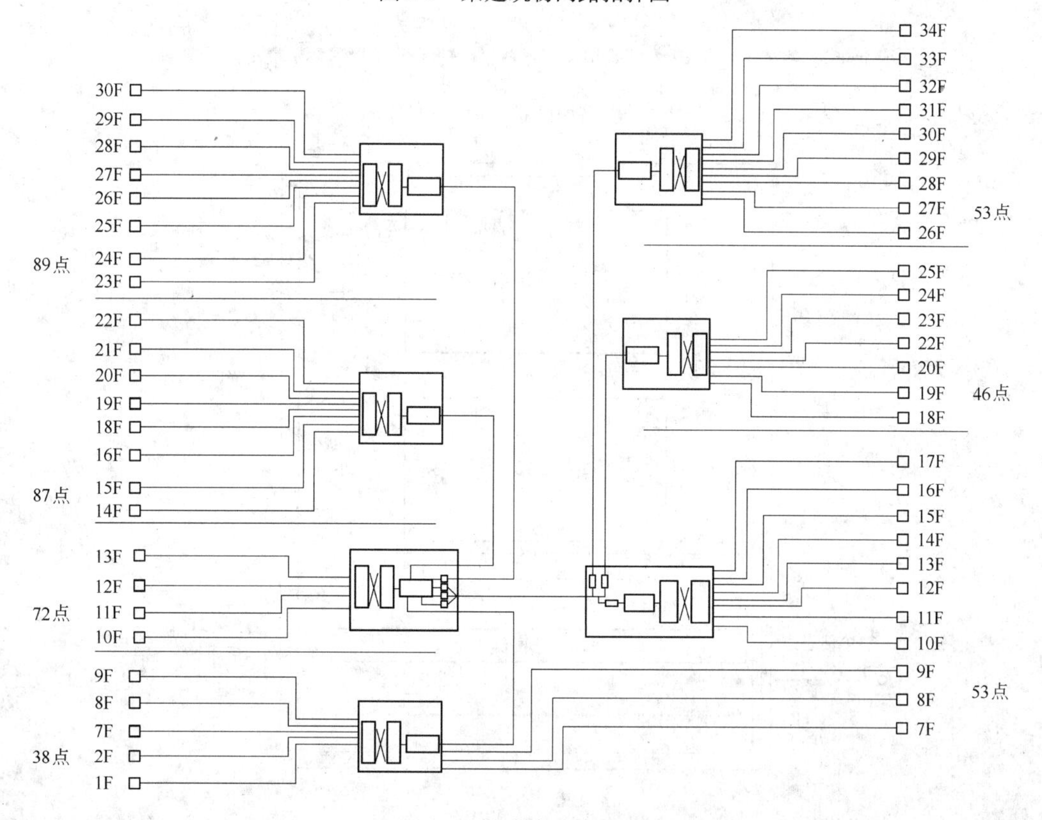

图 2-2　综合布线系统图

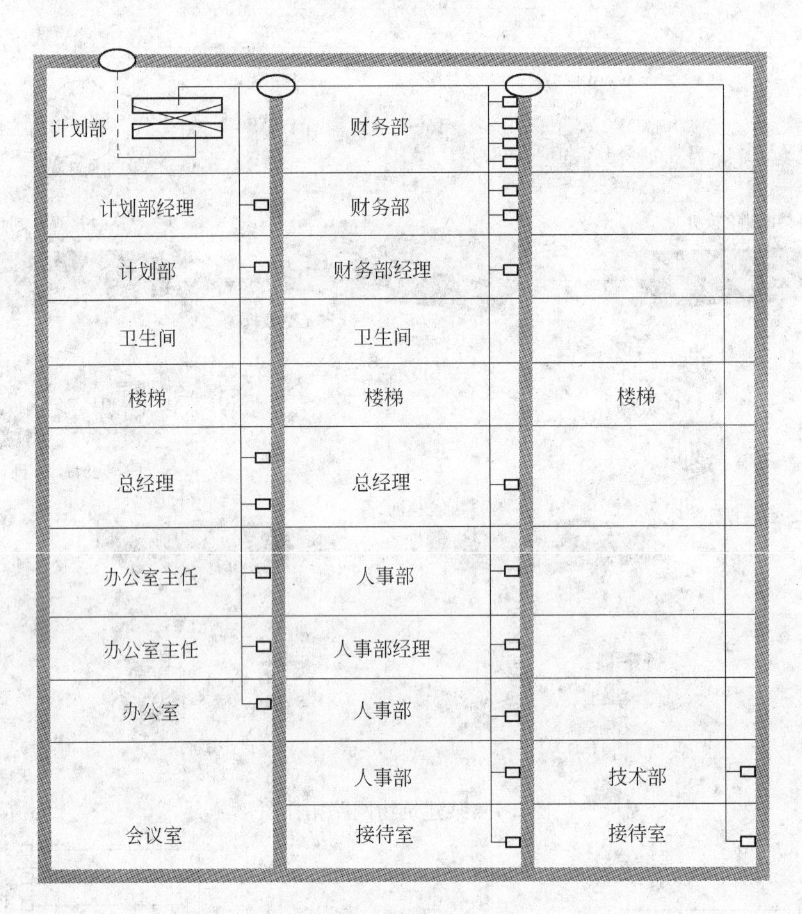

图 2-3 信息点分布图

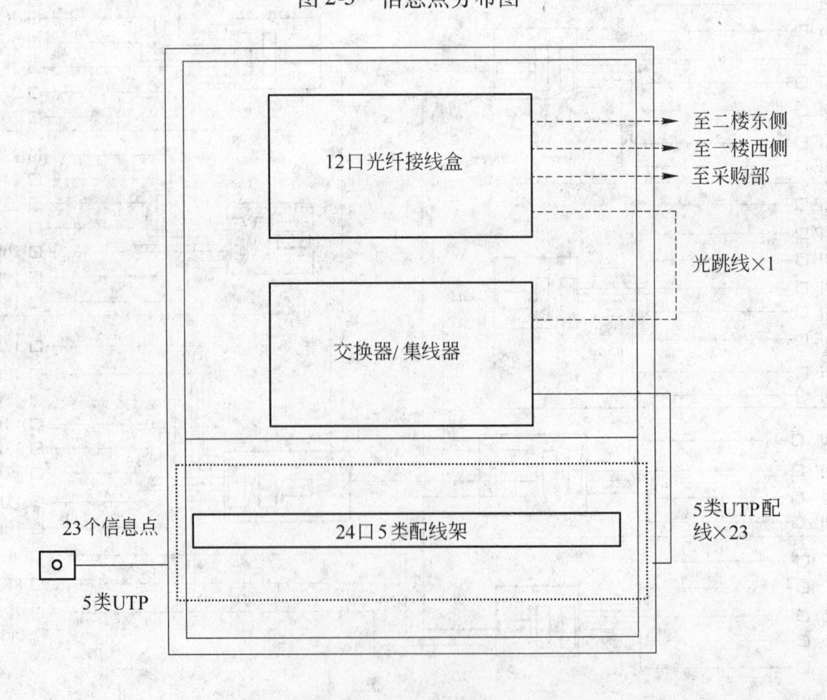

图 2-4 机柜布局图

表 2-1　信息点分布表

配线架端口号	1	2	3	4	5	6	7	8	9	10	11	12
信息点编号	101-1	101-2	101-3	101-4	102-1	102-2	102-3	102-4	103-1	103-2	103-3	103-4
配线架端口号	13	14	15	16	17	18	19	20	21	22	23	24
信息点编号	104-1	104-2	104-3	104-4	104-5	104-6	105-1	105-2	105-3	105-4	105-5	105-6

（6）计算综合布线材料消耗及所需设备，并作出预算方案。

（7）设计方案文档书写。

实验八　综合布线基础实践

工程项目设计施工前现场查看

一、实验目的

（1）掌握工程项目设计施工前现场勘查的要点和方法。

（2）熟悉综合布线工程现场环境，认识“钢结构模拟工程实训楼”。

二、实验要求

（1）掌握工程项目设计施工前现场勘查的要点和方法。

（2）观察网络结构拓扑，区分综合布线系统结构，并做好详细记录。

（3）观察布线路由及周边环境，做好详细记录。

三、实验内容

（1）观察网络结构拓扑。根据老师指引，参观综合布线工程实训展示装置，仔细观察工作区、配线子系统、干线子系统、建筑群子系统、设备间、进线间、管理的结构、功能和应用。

（2）观察布线路由及周边环境。根据实训老师指引，找到各子系统，并熟悉各子系统包含的设备、链路等，了解各子系布线方式及布线特点。

（3）做好详细记录。根据现场勘查，详细记录每个子系统的布线方式、端接特点、设备等。

PVC 线槽成型训练

一、实验目的

（1）了解常用的 PVC 线槽规格。

（2）了解常用的 PVC 线槽连接件形状及用途。
（3）按尺寸完成 PVC 线槽的切割。
（4）按要求完成 PVC 线槽的异形加工及其与连接件的配套使用。

二、实验要求

（1）切割长 0.5m 的 PVC 线槽。
（2）制备 PVC 线槽水平直角。
（3）制备 PVC 线槽内弯直角。
（4）制备 PVC 外弯直角。

三、实验内容

（1）PVC 线槽水平直角成型，如图 2-5 所示。
（2）PVC 线槽内弯直角成型，如图 2-6 所示。
（3）PVC 线槽外弯直角成型，如图 2-7 所示。

图 2-5　PVC 线槽水平直角成型

图 2-6　PVC 线槽内弯直角成型

图 2-7　PVC 线槽外弯直角成型

（4）PVC 线槽在综合布线工程的应用，如图 2-8 ~ 图 2-10 所示。

图 2-8　PVC 线槽综合布线平三通成型

图 2-9　PVC 线槽综合布线阴角成型

图 2-10　PVC 线槽综合布线阳角成型

（5）使用成品弯头零件和材料进行 PVC 线槽拐弯的处理，如图 2-11 ~ 图 2-13 所示。

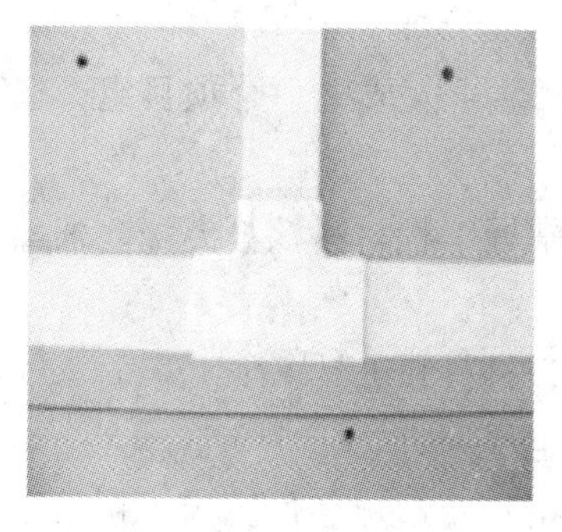

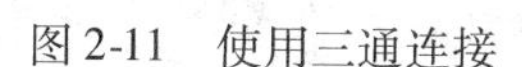
图 2-11　使用三通连接

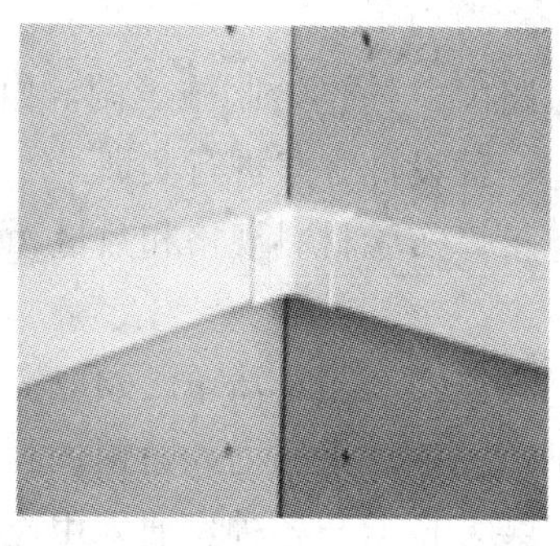

图 2-12　使用阴角连接

图 2-13　使用阳角连接

桥架、管槽路由安装

一、实验目的

（1）参照设计路由，掌握管槽施工方法。

（2）参照设计路由，掌握桥架施工方法。

（3）通过核算材料、编制表格、领取材料和工具，训练规范施工。

二、实验要求

（1）参照实验七设计的施工图，核算实验材料规格和数量，并编制材料清单。

（2）准备实验工具，列出实验工具清单，独立领取实验材料和工具。

（3）依据实验七设计的路由，完成 PVC 线槽安装与布线。

（4）依据实验七设计的路由，完成桥架安装和布线。

三、实验内容和步骤

1. PVC 线槽路由施工

第一步：使用 PVC 线槽设计一种从信息点到楼层机柜的配线子系统。由 3 ~4 人成立一个项目组，选举项目负责人，每人设计一种配线子系统布线图，并且绘制图纸。项目负责人指定一种设计方案进行实训。

第二步：参照设计图需求，核算实验材料的规格和数量，掌握工程材料核算方法，列出材料清单。

第三步：参照设计图需求，列出实验工具清单，领取实验材料和工具。

第四步：首先量好线槽的长度，再使用电动起子在线槽上开 ϕ4mm 孔，孔位置必须与实训装置安装孔对应，每段线槽至少开两个安装孔。

第五步：用 M4 ×16 螺钉把线槽固定在实训装置上。

第六步：拐弯处使用专用接头，如阴角、阳角、弯头、三通或自制接头。

2. 桥架路由施工

第一步：设计一种桥架施工路由，并且绘制施工图。由 3 ~ 4 人成立一个项目组，选举项目负责人，项目负责人指定一种设计方案进行实训。

第二步：参照设计图需求，核算实验材料规格和数量，掌握工程材料核算方法，列出材料清单。

第三步：参照设计图需要，列出实验工具清单，领取实训材料和工具。

第四步：把支架安装的实训墙顶端，采用内六角螺丝固定。

第五步：桥架部件组装和安装。桥架与各种弯通采用连接片及螺栓套件固定。接着用 M6 × 16 螺钉把桥架固定在支架上。

干线及配线电缆敷设

一、实验目的

（1）掌握设计图在现场施工中的应用。

（2）通过线槽的安装和布线等，熟练掌握配线和干线子系统的施工方法。

（3）通过线缆暗装敷设，掌握牵引线的使用方法和技巧。

（4）通过核算、列表，领取材料和工具，训练规范施工的能力。

二、实验要求

（1）按照设计图核算实验材料规格和数量，掌握工程材料核算方法，列出材料清单。

（2）按照设计图准备实验工具，列出实验工具清单，独立领取实验材料和工具。

（3）独立完成干线子系统和配线子系统线槽安装和布线方法，掌握 PVC 线槽安装方法和技巧，掌握 PVC 槽弯头的制作。

（4）独立完成干线子系统和配线子系统布线方法，掌握牵引线的使用方法。

三、实验内容和步骤

1. 走桥架敷设双绞线、大对数双绞线、光缆

第一步：找出实验七绘制的施工图。

第二步：按照设计图核算实验材料规格和数量，掌握工程材料核算方法，列出材料清单。

第三步：按照设计图需要列出实验工具清单，领取实验材料和工具。

第四步：桥架线缆敷设给壁挂式机柜或建筑物设备间预留一定长度缆线，接着把双绞线、大对数双绞线及光缆铺设到桥架内部，并用扎线带绑扎好，然后盖好桥架盖板。

2. 走线槽（明装）敷设双绞线

第一步：找出实验七绘制的施工图。

第二步：按照设计图核算实验材料规格和数量，掌握工程材料核算方法，列出材料

清单。

第三步：按照设计图需要列出实验工具清单，领取实验材料和工具。

第四步：在合适的位置用十字螺丝钉安装 PVC 线槽。两根 PVC 线槽连接采用直接头，拐弯处使用阴角或阳角连接。

第五步：明装布线实训时，边布线槽边穿线。PVC 线槽安装示意图如图 2-14 所示。

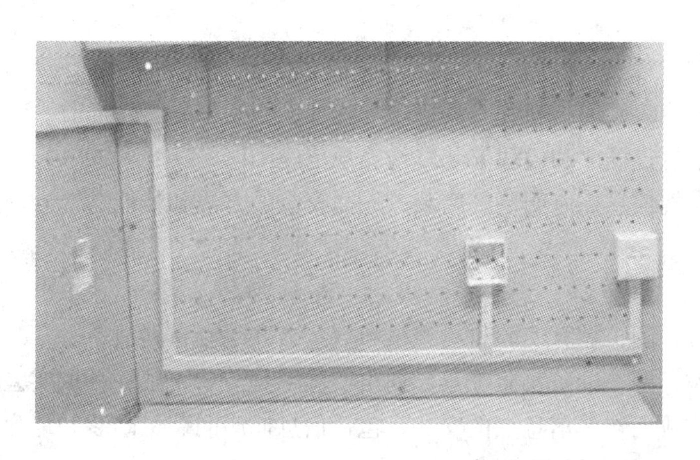

图 2-14　PVC 线槽安装示意图

第六步：线缆两端须做标签。

3. 走墙管（暗装）敷设双绞线

暗装线缆敷设分为入口进线和底盒出线两种方式，分别如图 2-15 和图 2-16 所示。

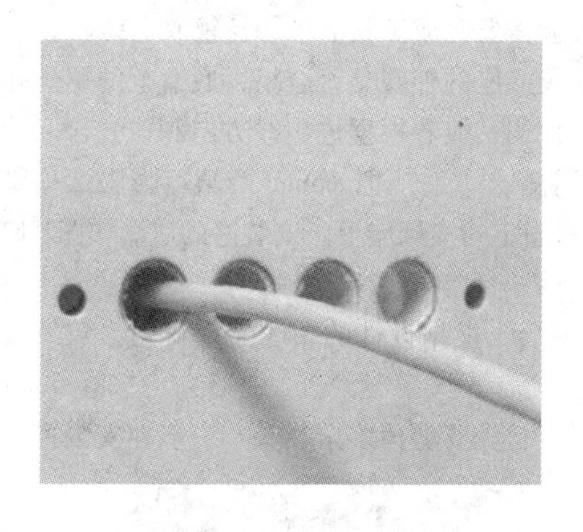

图 2-15　入口进线暗装线缆敷设

图 2-16　底盒出线暗装线缆敷设

第一步：找出实验七绘制的施工图。

第二步：按照设计图核算实验材料规格和数量，掌握工程材料核算方法，列出材料清单。

第三步：按照设计图需要列出实验工具清单，领取实验材料和工具。

第四步：暗装线缆敷设。依照墙内部预设管道，使用牵引线把缆线从桥架拉出到信息底盒，并预留一定长度。

第五步：线缆两端须做标签（其为七大子系统——管理）。

实验九　信息插座安装

一、实验目的

（1）通过预算、领取材料和工具、现场管理，积累工程管理经验。

（2）通过信息点插座和模块安装，培养规范施工。

（3）熟练掌握信息插座明装、暗装、地插安装的方法和技能。

二、实验要求

（1）按照设计图，核算实验材料规格和数量，并编制材料清单。

（2）按照设计图，准备实验工具，列出实验工具清单，独立领取实验材料和工具。

（3）独立完成工作区信息点的安装，包括信息插座明装、暗装和地弹式插座。

（4）对信息点端接质量进行测试。

三、实验内容及步骤

1. 安装双口明装插座

第一步：列出材料清单和领取材料。按照设计图完成材料清单并且领取材料。

第二步：列出工具清单和领取工具。根据实验需要完成工具清单并且领取工具。

第三步：安装双口明装插座。首先，检查明装插座的外观是否合格，底盒上的螺丝孔必须正常，如果其中有一个螺丝孔损坏坚决不能使用；接着根据进出线方向和位置，取掉底盒预设孔中的挡板；然后，按设计图纸位置用锤子（手）把 ϕ6mm 的塑料膨胀螺栓敲（按）进实训墙板网孔中；最后用 M4 螺丝把底盒固定的实训墙上。安装好的底盒如图2-17所示。

第四步：穿线。如图 2-18 所示，底盒安装好后，根据设计的布线路径将网络双绞线从底盒布放到网络机柜内。

第五步：端接模块和安装面板。安装模块时，首先要剪掉多余线头，一般在安装模块

图 2-17　安装好的底盒

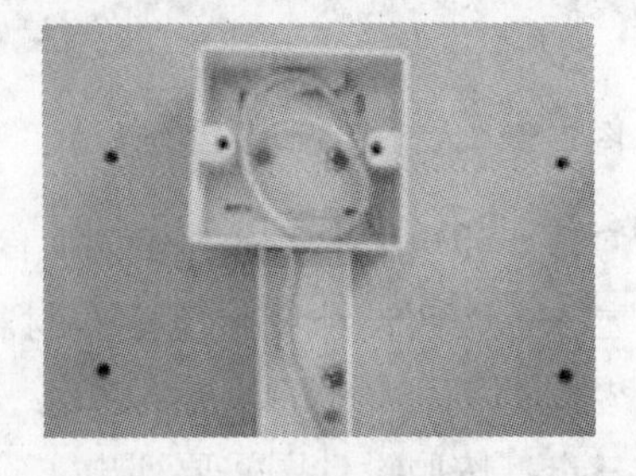

图 2-18　穿线

前都要剪掉多余部分的长度，留出 100～120mm 长度用于压接模块或者检修；然后，使用专业剥线刀剥掉双绞线的外皮，剥掉的双绞线外皮长度为 15mm，特别注意不要损伤线芯和线芯绝缘层；剥线完成后按照模块结构将 8 芯线分开，逐一压接在模块中，压接方法必须正确，保证一次压接成功，之后装好防尘盖；模块压接完成后，将模块卡接在面板中，然后安装面板，如图 2-19 所示。

图 2-19　端接模块和安装面板(一)

第六步：标记。根据设计给面板做上标号，并将螺丝装饰钮扣好。

注意：如果双口面板上没有标记，宜将网路模块安装在左边，电话模块安装在右边，并且在面板表面做好标记。

2. 安装双口暗装插座

第一步：列出材料清单和领取材料。按照设计图完成材料清单并且领取材料。

第二步：列出工具清单和领取工具。根据实验需要完成工具清单并且领取工具。

第三步：穿线。使用牵引线，把双绞线或电话线从预装 PVC 线管中拉出，预留约 13cm 长度以备端接，如图 2-20 所示。

第四步：端接模块和安装面板。安装模块时，首先要剪掉多余线头，一般在安装模块前都要剪掉多余部分，留出 100～120mm 长度用于压接模块或者检修；然后，使用专业剥线刀剥离外皮，剥掉的双绞线外皮长度为 15mm，特别注意不要损伤线芯和线芯绝缘层；剥线完成后按照模块结构将 8 芯线分开，逐一压接到模块中（务必压紧），之后装好防尘盖；模块压接完成后，将模块卡接在面板中，然后使用配套螺丝把面板固定到底盒上。端接模块和安装面板如图 2-21 所示。

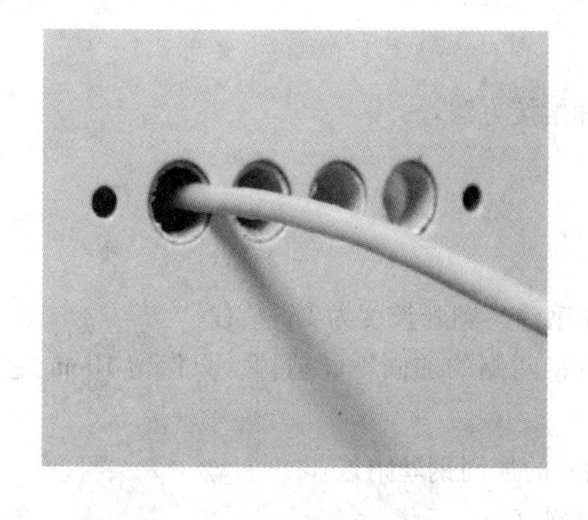

图 2-20　暗装线缆敷设

图 2-21　端接模块和安装面板（二）

第五步：标记。根据设计给面板做上标号，并把螺丝装饰钮扣好。

注意：如果双口面板上没有标记时，宜将网路模块安装在左边，电话模块安装在右边，并且在面板表面做好标记。

3. 安装双口地装信息插座

第一步：列出材料清单和领取材料。按照设计图完成材料清单并且领取材料。

第二步：列出工具清单和领取工具。根据实验需要完成工具清单并且领取工具。

第三步：穿线。使用牵引线把双绞线或电话线从预装 PVC 线管中拉出，预留约 13cm 长度以备端接。

第四步：端接模块和安装地装信息插座。安装模块时，首先要剪掉多余线头，一般在安装模块前都要剪掉多余部分的长度，留出 100～120mm 长度用于压接模块或者检修；然后使用专业剥线刀剥离外皮，剥掉的双绞线外皮长度为 15mm，特别注意不要损伤线芯和线芯绝缘层；剥线完成后按照模块结构将 8 芯线分开，逐一压接到模块中（务必压紧），之后装好防尘盖；模块压接完成后，将模块归位，然后使用配套螺丝把地装信息插座固定到底盒上。

第五步：标记。根据设计给面板做上标号。

注意：如果双口面板上没有标记时，宜将网路模块安装在左边，电话模块安装在右边，并且在面板表面做好标记。

实验十　室内多模主干光缆熔接

一、实验目的

（1）认识室内多模主干光缆组成结构。

（2）掌握多模光缆熔接技能。

二、实验要求

（1）认识室内多模主干光缆组成结构。

（2）认识光缆熔接机，并熟悉其操作技巧和熔接方法。

（3）完成一根室内多模光缆的熔接。

三、实验内容及步骤

第一步：使用偏口钳或钢丝钳剥开光缆加固钢丝，剥开长度为 1m 左右。

第二步：剥开另一侧的光缆加固钢丝，然后将两侧的加固钢丝剪掉，只保留 10cm 左右即可。

第三步：剥除光纤外皮 1m 左右，即剥至剥开的加固钢丝附近。

第四步：用美工刀在光纤金属保护层上轻轻刻痕。

第五步：折弯光纤金属保护层并使其断裂，折弯角度不能大于 45°，以避免损伤其中的光纤。

第六步：用美工刀在塑料保护管四周轻轻刻痕，不要太过用力，以免损伤光纤。也可以使用光纤剥线钳完成该操作。

第七步：轻轻折弯塑料保护管并使其断裂，弯曲角度不能大于45°，以免损伤光纤。

第八步：将塑料保护管轻轻抽出，露出其中的光纤，用较好的纸巾蘸上高纯度酒精，使其充分浸湿，轻轻擦拭和清洁光缆中的每一根光纤，去除所有附着于光纤上的油脂。

第九步：为准备熔接的光纤套上热缩套管，如图2-22所示。热缩套管主要用于在光纤对接好后套在连接处，经过加热形成新的保护层。

第十步：使用光纤剥线钳剥除光纤涂覆层，如图2-23所示。剥除光纤涂覆层时，要掌握“平、稳、快”三字剥纤法。“平”，即持纤要平。左手拇指和食指捏紧光纤，使之成水平状，所露长度以5cm为准，余纤在无名指、小拇指之间自然打弯，以增加力度，防止打滑。“稳”，即剥纤钳要握得稳。“快”，即剥纤要快。剥纤钳应与光纤垂直，向上方倾斜一定角度，然后用钳口轻轻卡住光纤，随之用力，顺着光纤轴向平推出去，整个过程要自然流畅，一气呵成。

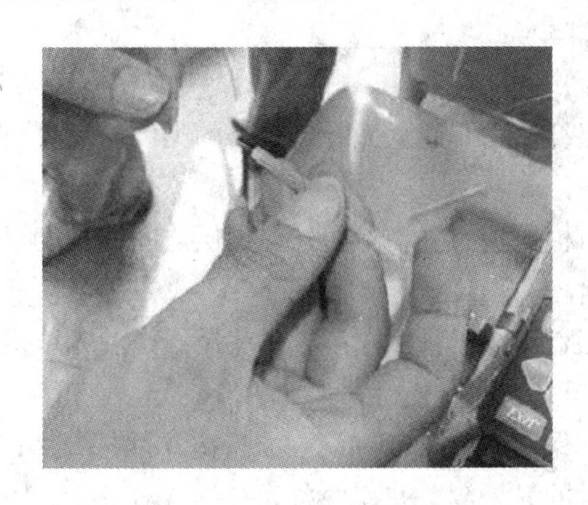

图2-22　套上光纤热缩套管

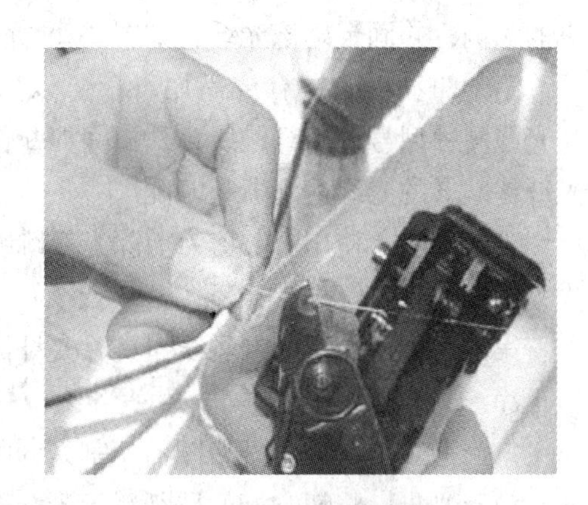

图2-23　剥除光纤涂覆层

第十一步：用蘸酒精的潮湿纸巾将光纤外表擦拭干净。注意观察光纤剥除部分的包层是否全部去除，若有残余则必须去掉。如有极少量不易剥除的涂覆层，可以用脱脂棉球蘸适量无水酒精擦除。将脱脂棉撕成平整的扇形小块，蘸少许酒精，折成V形，夹住光纤，沿着光纤轴的方向擦拭，尽量一次成功。一块脱脂棉使用2～3次后要即时更换，每次要使用脱脂棉的不同部位和层面，这样既可提高脱脂棉的利用率，又可防止对光纤包层表面的二次污染。

第十二步：用光纤切割器切割光纤，使其拥有平整的断面。切割的长度要适中，保留大致2～3cm。光纤端面制备是光纤接续中的关键工序，如图2-24所示。它要求处理后的端面平整、无毛刺、无缺损，且与轴线垂直，呈现一个光滑平整的镜面区，并保持清洁，避免灰尘

图2-24　光纤端面制备

污染。光纤端面质量直接影响光纤传输的效率。光纤端面制备的方法有三种：

（1）刻痕法。采用机械切割刀，用金刚石在光纤表面垂直方向划一道刻痕，距涂覆层10mm，轻轻弹碰，光纤在此刻痕位置上自然断裂。

（2）切割钳法。利用一种手持简易钳进行切割操作。

（3）超声波电动切割法。

这三种方法只要器具良好、操作得当，光纤端面的制备效果都非常好。

第十三步：将切割好的光纤置于光纤熔接机的一侧，并固定好该光纤，如图2-25所示。

图2-25　固定光纤

第十四步：如果有成品尾纤，可以取一根与光缆同种型号的光纤跳线，从中间剪断作为尾纤使用。注意光纤连接器的类项一定要与光纤终端盒的光纤适配器相匹配。

第十五步：使用石英剪刀剪除光纤跳线的石棉保护层。剥除的外保护层之间的长度至少为20cm。

第十六步：使用光纤剥线钳剥除光纤涂覆层，用蘸酒精的潮湿纸巾将尾纤中的光纤擦拭干净。

第十七步：使用光纤切割器切割光纤跳线，保留大致2～3cm，如图2-26所示。

第十八步：将切割好的尾纤置于光纤熔接机的另一侧，并使两条光纤尽量对齐，如图2-27所示。

图2-26　切割光纤跳线

图2-27　放置跳线

第十九步：在熔接机上固定好尾纤，按“SET”键开始光纤熔接。

第二十步：两条光纤的X，Y轴将自动调节，并显示在屏幕上，如图2-28所示。

第二十一步：熔接结束后，观察损耗值，如图2-29所示。若熔接不成功，光纤熔接机会显示具体原因。熔接好的接续点损耗一般低于0.005dB才认为合格，如果接续点损耗高于0.005dB，可用手动熔接按钮再熔接一次。一般熔接次数1～2次为最佳，若超过3次，熔接损耗反而会增加，这时应断开重新熔接，直至达到标准要求为止。如果熔接失败，可重新剥除两侧光纤的绝缘包层并切割，然后重复熔接操作。

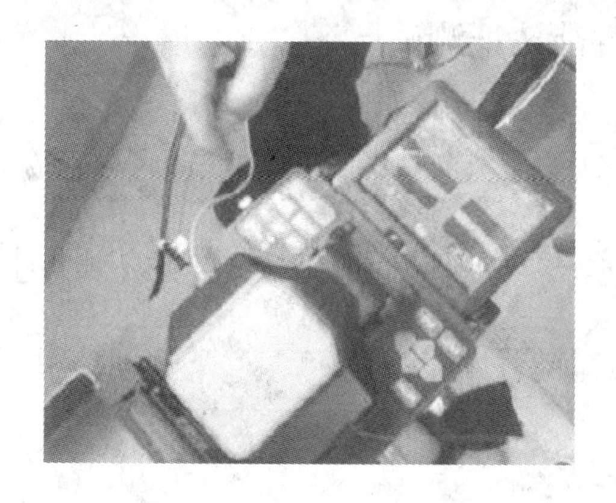

图2-28　自动调节

图2-29　观察损耗值

第二十二步：若熔接通过测试，则用光纤热缩管完全套住剥掉绝缘包层的部分，将套好热缩管的光纤放到加热器中，如图2-30所示。由于光纤在连接时去掉了接续部位的涂覆层，使其机械强度降低，一般要用热缩管对接续部位进行加强保护。热缩管应在剥光纤前穿入，严禁在光纤端面制备后再穿入。将预先穿至光纤某一端的热缩管移至光纤连接处，使熔接点位于热缩管中间，轻轻拉直光纤接头，放入光纤熔接机的加热器内加热。热缩管加热收缩后紧套在接续好的光纤上，由于此管内有一根不锈钢棒，因此增加了光纤的抗拉强度。

第二十三步：按“HEAT”键开始对热缩管进行加热，稍等片刻，取出已加热好的光纤。

第二十四步：重复上述操作，直至该光缆中所有光纤全部熔接完成。

第二十五步：将已熔接好光纤的热缩管置入光缆接续盒的固定槽中，在光纤接续盒中将光纤盘好，并用不干胶纸进行固定，如图2-31所示。操作时务必轻柔小心，

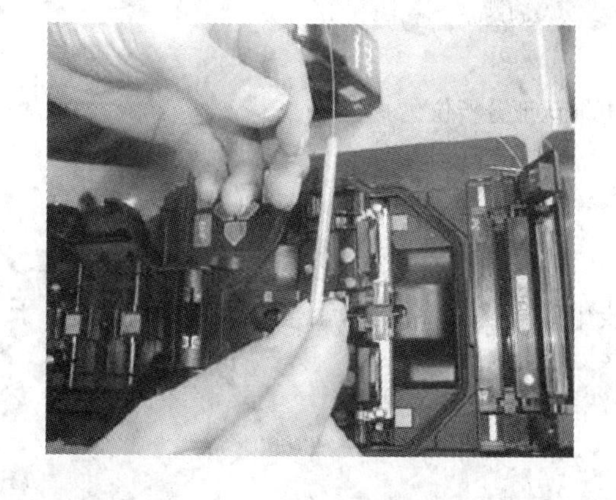

图2-30　将套好热缩管的光纤放到加热器中

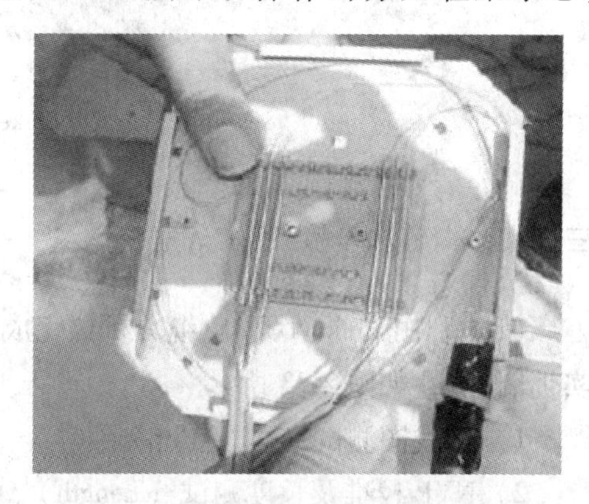

图2-31　固定光纤

以避免将光纤折断。同时，将加固钢丝折弯且与终端盒固定，并使用尼龙扎带进一步加固。

实验十一　现场性能认证测试

一、实验目的

（1）初步掌握依照《综合布线工程验收规范》（GB 50312—2007）现场性能认证测试的内容，了解各种测试参数。

（2）掌握现场性能认证测试仪的使用方法。

二、实验要求

（1）掌握综合布线系统电缆基本链路和通道链路的区别和测试方法。

（2）探寻并解决测试过程中出现的各种问题。

（3）读懂性能认证测试报告，并输出制作。

（4）可使用 Fluke DTX 电缆认证分析仪，如图 2-32 所示。

图 2-32　Fluke DTX 电缆认证分析仪

三、实验内容和步骤

（1）利用 Fluke DTX 电缆分析仪完成双绞线电缆基本链路的认证测试（插座模块位于实训墙上），如图 2-33 所示。

1）接线图测试（Wire Map）。

2）NVP 校准及长度测试（Length）。

3）衰减测试（Attenuation）。

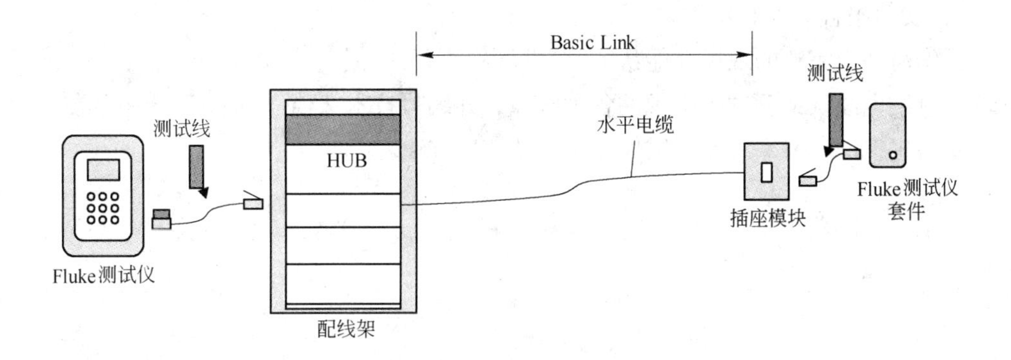

图 2-33　基本链路（Basic Link）认证

4）近端串扰测试（NEXT）。

5）衰减串扰比（ACR）。

6）回波损耗（Return Loss）。

7）时延偏离（Delay Skew）。

8）特性阻抗（Impedance）。

9）打印最终布线线缆参数测试报告。

（2）利用 Fluke DTX 电缆分析仪完成双绞线电缆通道链路的认证测试，如图 2-34 所示。

1）接线图测试（Wire Map）。

2）NVP 校准及长度测试（Length）。

3）衰减测试（Attenuation）。

4）近端串扰测试（Next）。

5）衰减串扰比（ACR）。

6）回波损耗（Return Loss）。

7）时延偏离（Delay Skew）。

8）特性阻抗（Impedance）。

9）打印最终布线线缆参数测试报告。

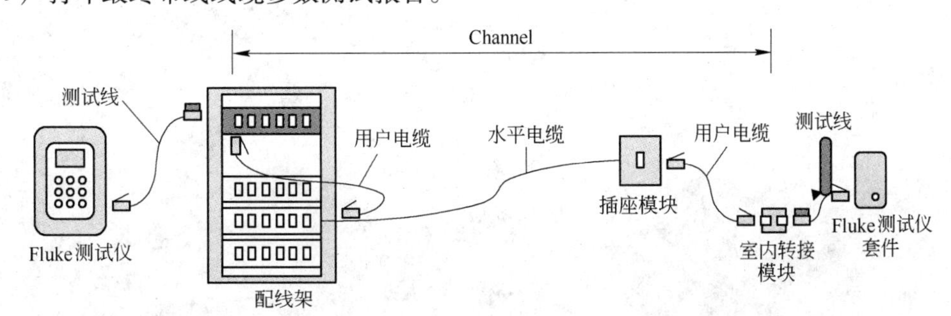

图 2-34　通道链路（Channel）认证

（3）测试报告整理及备份。

（4）实验报告要求。

1）编写一份完整的现场性能认证测试报告。

2）总结电缆认证测试中出现的各种故障，并编写技术文档。

3）写出 Fluke DTX 认证测试仪的功能及使用方法。

网络配置实验部分

第三章　常用网络管理命令

一、本章重点

（1）掌握常用网络管理命令的作用。

（2）掌握常用网路管理命令主要参数的含义。

（3）掌握常用网络管理命令排除网络故障的方法。

二、常用网络管理命令简介

在网络实验过程中，经常要验证所做的配置是否生效，服务器和客户机之间是否连接成功，检查本地计算机和某个远程计算机之间的路径，检查TCP/IP的统计情况以及系统使用DHCP分配IP地址时掌握当前所有的TCP/IP网络配置情况，以便及时了解整个网络的运行情况，以确保网络的连通性，保证整个网络的正常运行。

在windows系统中，系统提供了一些常用的网络管理命令来实现上述验证和测试功能。常用的网络管理命令包括：

（1）Ipconfig：用于查看当前计算机的TCP/IP配置；

（2）Ping：用于测试计算机之间的连接，这也是网络配置中最常用的命令；

（3）ARP：实现IP地址到物理地址的映射；

（4）Netstat：显示连接统计；

（5）Route：用来显示和修改本地IP路由表中条目的常用命令；

（6）Tracert：进行源主机与目的主机之间的路由连接分析。

（一）命令运行方式

在windows系统中，左键单击“开始”，选择“运行”，打开“运行”对话框，输入“cmd”，左键单击“确定”按钮，打开命令行操作界面，在该提示符下即可输入命令，然后按“回车”键执行。

（二）Ipconfig 命令

1. 简介

Ipcongfig 命令用于查看当前计算机网络适配器的配置，包括 IP 地址、子网掩码、默认网关、Mac 地址、Dns 服务器地址等。

命令格式为 ipconfig/options，其中 options 选项如下：

/?：显示该命令帮助信息。

/all：显示全部详细网络配置信息。

/release：释放指定网络适配器的 IP 地址。

/renew：刷新指定网络适配器的 IP 地址。

/flushdns：清除 DNS 解析缓存。

/registerdns：刷新所有 DHCP 租用和重新注册 DNS 名称。

/displaydns：显示 DNS 解析缓存内容。

2. 实例

（1）显示计算机网络详细配置信息。在命令操作界面提示符后，输入“ipconfig/all”，按“回车”键，结果如下：

```
Windows IP Configuration
        Host Name. . . . . . . . . . . . :MICROSOF-05D064
        Primary Dns Suffix. . . . . . . :
        Node Type . . . . . . . . . . . . : Unknown
        IP Routing Enabled. . . . . . . . : No
        WINS Proxy Enabled. . . . . . . . : No
Ethernet adapter VMware Network Adapter VMnet8:
        Connection-specific DNS Suffix :
        Description . . . . . . . . . . . : VMware Virtual Ethernet Adapter for VMnet8
        Physical Address. . . . . . . . . : 00-50-56-C0-00-08
        Dhcp Enabled. . . . . . . . . . . : No
        IP Address. . . . . . . . . . . . : 192. 168. 88. 1
        Subnet Mask . . . . . . . . . . . : 255. 255. 255. 0
        Default Gateway . . . . . . . . . :
Ethernet adapter VMware Network Adapter VMnet1:
        Connection-specific DNS Suffix . :
        Description . . . . . . . . . . . : VMware Virtual Ethernet Adapter for VMnet1
        Physical Address. . . . . . . . . : 00-50-56-C0-00-01
        Dhcp Enabled. . . . . . . . . . . : No
        IP Address. . . . . . . . . . . . : 192. 168. 66. 1
        Subnet Mask . . . . . . . . . . . : 255. 255. 255. 0
        Default Gateway . . . . . . . . . :
```

Ethernet adapter 本地连接：

Connection-specific DNS Suffix . :

Description . . . . : Realtek RTL8139/810x Family Fast Ethernet NIC

Physical Address. . . . . : 00-21-97-28-41-09

Dhcp Enabled. . . . . : No

IP Address. . . . . : 10. 16. 12. 218

Subnet Mask . . . . : 255. 255. 255. 0

Default Gateway . . . . : 10. 16. 12. 254

DNS Servers . . . . : 210. 31. 198. 65

（2）显示计算机网络基本配置信息。在命令操作界面提示符后，输入“ipconfig”，按“回车”键，结果如下所示：

Windows IP Configuration

Ethernet adapter VMware Network Adapter VMnet8：

Connection-specific DNS Suffix . :

IP Address. . . . . : 192. 168. 88. 1

Subnet Mask . . . . : 255. 255. 255. 0

Default Gateway . . . . :

Ethernet adapter VMware Network Adapter VMnet1：

Connection-specific DNS Suffix . :

IP Address. . . . . : 192. 168. 66. 1

Subnet Mask . . . . : 255. 255. 255. 0

Default Gateway . . . . :

Ethernet adapter 本地连接：

Connection-specific DNS Suffix . :

IP Address. . . . . : 10. 16. 12. 218

Subnet Mask . . . . : 255. 255. 255. 0

Default Gateway . . . . : 10. 16. 12. 254

提示：详细网络配置信息包含了 MAC 地址、DNS 地址，而基本网络配置信息只包括 IP 地址、子网掩码和默认网关。

（三）Ping 命令

1. 简介

Ping 命令是用于检测网络连通性的常用网络测试命令。Ping 通过向目的主机发送一个回送请求数据包，要求目的主机收到请求后给予答复，从而判断网络的相应时间和目的主机的连通性。

Ping 命令格式是：

ping [-t] [-a] [-n count] [-l size] [-f] [-i TTL] [-v TOS] [-r count] [-s count] [[-j host-list] | [-k host-list]] [-w timeout] target_name

各项参数的含义如下：

-t ：不停地向目的计算机发送数据包，直到从键盘按下 Ctrl + C 中断。

-a：将地址解析为计算机 NetBios 名。

-n：发送指定的 count 次数的数据包数，通过这个命令可以自己定义发送的个数，对衡量网络速度很有帮助；能够测试发送数据包的返回平均时间及时间的快慢程度。默认值为 4。

-l：指定发送数据包的大小。默认为 32 字节。

-f：在数据包中发送“不要分段”标志，数据包就不会被路由上的网关分段。通常你所发送的数据包都会通过路由分段再发送给对方，加上此参数以后路由就不会再分段处理。

-i：将“生存时间”字段设置为 TTL 指定的值。指定 TTL 值在对方的系统里停留的时间。

-v：tos 将“服务类型”字段设置为 tos 指定的值。

-r：在“记录路由”字段中记录传出和返回数据包的路由。通常情况下，发送的数据包是通过一系列路由才到达目标地址的，通过此参数可以设定，想探测经过路由的个数。限定能跟踪到 9 个路由。

-s：指定 count 指定的跃点数的时间戳。与参数 – r 差不多，但此参数不记录数据包返回所经过的路由，最多只记录 4 个。

-j：利用 computer-list 指定的计算机列表路由数据包。

-k：利用 computer-list 指定的计算机列表路由数据包。连续计算机不能被中间网关分隔 IP，允许的最大数量为 9。

-w：timeout 指定超时间隔，单位为毫秒。

destination-list：指定要 Ping 的远程计算机的地址。

2. 实例

Ping 210. 31. 198. 65 结果如下：

```
Pinging 210.31.198.65 with 32 bytes of data:
Reply from 210.31.198.65: bytes=32 time<1ms TTL=60
Reply from 210.31.198.65: bytes=32 time<1ms TTL=60
Reply from 210.31.198.65: bytes=32 time<1ms TTL=60
Reply from 210.31.198.65: bytes=32 time<1ms TTL=60
Ping statistics for 210.31.198.65:
    Packets: Sent = 4, Received = 4, Lost = 0 (0% loss),
Approximate round trip times in milli-seconds:
    Minimum = 0ms, Maximum = 0ms, Average = 0ms
```

3. 结果分析

Reply from 210. 31. 198. 65 bytes = 32 time < 1ms TTL = 60.

含义为：Ping 命令用 32 字节的数据包来测试能否连接到 IP 地址为“210. 31. 198. 65”的主机，返回 32 个字节，用时小于 1ms，TTL 值为 60.，表明目的主机可以到达。

```
Ping statistics for 210. 31. 198. 65:
    Packets: Sent = 4, Received = 4, Lost = 0 (0% loss),
Approximate round trip times in milli-seconds:
    Minimum = 0ms, Maximum = 0ms, Average = 0ms
```

含义为：统计结果显示发送了（sent）4 个数据包，收到 4 个数据包，丢失了 0 个数据包，丢包率为 0，发送时间最小为 0ms，最大 0ms，平均时间为 0ms。

4. 常见 Ping 命令返回失败情况

（1）Request timed out。数据包无法到达目的主机，包括目的主机 IP 地址错误、关机、网络故障以及目的主机设置有防火墙等。

（2）Destination host Unreachable。目的主机与本地主机不在同一个网络中，并且本地主机没有正确设置默认路由。

5. 利用 Ping 命令检测网络故障的一般次序

（1）Ping 127. 0. 0. 1：如果测试成功，表明网卡、TCP/IP 协议的安装、IP 地址、子网掩码的设置正常。如果测试不成功，就表示 TCP/IP 的安装或运行存在某些最基本的问题。

（2）Ping 本机 IP：如果测试不成功，则表示本地配置或安装存在问题，应当对网络设备和通信介质进行测试、检查并排除。

（3）Ping 同网段内其他 IP：如果测试成功，表明本地网络中的网卡和载体运行正确。否则，表示子网掩码不正确或网卡配置错误或电缆系统有问题。

（4）Ping 本地计算机默认网关：这个命令如果应答正确，表示局域网中的网关或路由器正在运行并能够做出应答。

（5）Ping 不在同一网段内 IP：如果收到正确应答，表示成功地使用了缺省网关。

（6）Ping localhost：localhost 是系统的网络保留名，它是 127. 0. 0. 1 的别名，每台计算机都应该能够将该名字转换成该地址。如果没有做到这点，则表示主机文件（/Windows/host）存在问题。

（7）Ping 某网站域名（www. sohu. com）：对此域名执行 Ping 命令，计算机必须先将域名转换成 IP 地址，通常是通过 DNS 服务器。如果这里出现故障，则表示本机 DNS 服务器的 IP 地址配置不正确，或 DNS 服务器有故障。

（四）ARP 命令

1. 简介

ARP 即地址解析协议，其功能是实现 IP 地址和 MAC 地址之间的转换。在以太网协议中规定，同一局域网中的一台主机要和另一台主机进行直接通信，必须要知道目标主机的 MAC 地址。而在 TCP/IP 协议栈中，网络层和传输层只关心目标主机的 IP 地址。这就导致在以太网中使用 IP 协议时，数据链路层的以太网协议接到上层 IP 协议提供的数据中，只包含目的主机的 IP 地址。于是需要一种方法，根据目的主机的 IP 地址，获得其 MAC 地址。这就是 ARP 协议要做的事情。所谓地址解析（address resolution）就是主机在发送帧前将目标 IP 地址转换成目标 MAC 地址的过程。

在每台安装有 TCP/IP 协议的电脑里都有一个 ARP 缓存表，表里的 IP 地址与 MAC 地址是一一对应的。

使用 ARP 命令可以查看本地计算的 ARP 高速缓存中的内容，可以设置静态的网卡物理/IP 地址映射，为缺省网关和本地服务器等常用主机进行本地静态配置，减少网络上的信息量。

默认情况下，ARP 高速缓存中的项目是动态的，每当发送一个指定地点的数据包并且此时高速缓存中不存在当前项目时，ARP 便会自动添加该项目。

ARP 命令格式：

ARP -s inet_addr eth_addr [if_addr]

ARP -d inet_addr [if_addr]

ARP -a [inet_addr] [-N if_addr]

参数含义如下：

-a：显示本地计算机 ARP 缓存中所有 IP 地址和 MAC 地址的映射表。

-d：删除 ARP 地址表中指定项。

-s：设置 IP 和 MAC 地址的静态映射。通过 ARP 协议得到的地址表项是动态的，手工添加的是静态的。

2. 实例

（1）查看本地计算机的 ARP 地址映射表。在命令提示符下输入：ARP -a，按“回车”键执行结果如下所示：

Interface：10.16.12.218 --- 0x4

Internet Address	Physical Address	Type
10.16.12.254	00-d0-f8-27-2e-c3	dynamic

（2）添加 IP 地址为 10.16.12.1，MAC 地址为 00-50-56-C0-00-01 的 ARP 静态项。在命令提示符下输入：ARP -s 10.16.12.1 00-50-56-C0-00-01，执行后，显示 ARP 地址表内容如下所示：

Interface：10.16.12.218 --- 0x4

Internet Address	Physical Address	Type
10.16.12.1	00-50-56-c0-00-01	static
10.16.12.254	00-d0-f8-27-2e-c3	dynamic

（3）删除 10.16.12.1 的 ARP 地址表项。在命令提示符下输入：ARP -d 10.16.12.1 执行后，显示 ARP 地址表内容如下所示：

Interface：10.16.12.218 --- 0x4

Internet Address	Physical Address	Type
10.16.12.254	00-d0-f8-27-2e-c3	dynamic

结果表明 10.16.12.1 的 ARP 地址映射已经删除。

注意：ARP 攻击就是通过伪造 IP 地址和 MAC 地址实现 ARP 欺骗，能够在网络中产生大量的 ARP 通信量使网络阻塞，攻击者只要持续不断地发出伪造的 ARP 响应包就能更改目标主机 ARP 缓存中的 IP-MAC 条目，造成网络中断或中间人攻击。ARP 攻击主要存在于局域网网络中，局域网中若有一个人感染 ARP 木马，则感染该 ARP 木马的系统将会试图通过“ARP 欺骗”手段截获所在网络内其他计算机的通信信息，并因此造成网内其他计算机的通信故障。

（五）Netstat 命令

1. 简介

Netstat 是一个监控 TCP/IP 网络的常用命令，它可以显示路由表、实际的网络连接以及每一个网络接口设备的状态信息。Netstat 用于显示与 IP、TCP、UDP 和 ICMP 协议相关的统计数据，一般用于检验本机各端口的网络连接情况。Netstat 命令的功能是显示网络连接、路由表和网络接口信息，可以让用户得知目前都有哪些网络连接正在运行。

命令格式为：

NETSTAT [-a] [-b] [-e] [-n] [-o] [-p proto] [-r] [-s] [-v] [interval]

参数含义如下：

-a：显示所有连接和监听端口。

-b：显示包含于创建每个连接或监听端口的可执行组件。

-e：显示以太网统计信息。此选项可以与-s 选项组合使用。

-n：以数字形式显示地址和端口号。

-o：显示与每个连接相关的所属进程 ID。

-p proto：显示 proto 指定的协议的连接。proto 可以是下列协议之一：TCP、UDP、TCPv6 或 UDPv6。如果与-s 选项一起使用以显示按协议统计信息，proto 可以是下列协议之一：IP、IPv6、ICMP、ICMPv6、TCP、TCPv6、UDP 或 UDPv6。

-r：显示路由表。

-s：显示按协议统计信息。默认地显示 IP、IPv6、ICMP、ICMPv6、TCP、TCPv6、UDP 和 UDPv6 的统计信息；

-p：选项用于指定默认情况的子集。

-v：与-b 选项一起使用时将显示包含于为所有可执行组件创建连接或监听端口的组件。

Interval：重新显示选定统计信息，每次显示之间暂停时间间隔（以秒计）。按 Ctrl + C 停止重新显示统计信息。如果省略，Netstat 显示当前配置信息（只显示一次）。

2. 实例

在命令提示符下，执行 Netstat -an 结果如下所示：

```
Active Connections
  Proto   Local Address            Foreign Address          State
```

```
TCP    0.0.0.0:135           0.0.0.0:0            LISTENING
TCP    0.0.0.0:445           0.0.0.0:0            LISTENING
TCP    10.16.12.218:139      0.0.0.0:0            LISTENING
TCP    10.16.12.218:2139     123.125.65.24:80     CLOSE_WAIT
TCP    10.16.12.218:2379     59.74.42.226:443     TIME_WAIT
TCP    10.16.12.218:2380     120.95.74.35:443     ESTABLISHED
TCP    10.16.12.218:2381     112.90.137.57:80     ESTABLISHED
TCP    127.0.0.1:1034        0.0.0.0:0            LISTENING
TCP    192.168.66.1:139      0.0.0.0:0            LISTENING
TCP    192.168.88.1:139      0.0.0.0:0            LISTENING
```

其中各项内容含义为："Active Connections" 是指当前本机的活动连接；"Proto" 是指连接使用的协议名称；"Local Address" 是本地计算机的 IP 地址和连接正在使用的端口号；"Foreign Address" 是连接该端口的远程计算机的 IP 地址和端口号；"State" 则是表明 TCP 连接的状态，LISTENING 表示在监听状态中，ESTABLISHED 表示已经建立连接，TIME_WAIT 表示等待的状态。

（六）route 命令

1. 简介

Route 命令是用来显示和修改在本地 IP 路由表中条目的常用网络管理命令。

命令格式为：

route [-f] [-p] [Command] [Destination] [mask Netmask] [Gateway] [metric Metric] [if Interface]

主要参数含义如下：

Command：指定要运行的命令，包括"print" 打印路由表内容；"add" 添加路由表；"delete" 删除路由表内容；"change" 修改路由表内容。

Destination：路由的网络目标地址。目标地址可以是一个 IP 网络地址（其中网络地址的主机地址设置为 0），对于主机路由是 IP 地址，对于默认路由是 0.0.0.0。

mask Netmask：指定与网络目标地址子网掩码。对于主机路由是 255.255.255.255，对于默认路由是 0.0.0.0。如果忽略，则使用子网掩码 255.255.255.255。

Gateway：网关，又称为下一跳路由器。在发送 IP 数据包时，网关定义了针对特定的网络目的地址，数据包发送到的下一跳路由器。如果是本地计算机直接连接到的网络，网关通常是本地计算机对应的网络接口，但是此时接口必须和网关一致；如果是远程网络或默认路由，网关通常是本地计算机所连接到的网络上的某个服务器或路由器。

metric Metric：路由指定所需跃点数的整数值（范围是 1～9999），它用来在路由表里的多个路由中选择与转发包中的目标地址最为匹配的路由。所选的路由具有最少的跃点数。跃点数能够反映跃点数量、路径速度、路径可靠性、路径吞吐量以及管理属性。

if Interface：接口，定义了针对特定的网络目的地址，本地计算机用于发送数据包的网络接口。

2. 实例

（1）显示本地计算机当前路由表内容。在命令提示符下输入：route print 执行结果如下：

Active Routes：

Network Destination	Netmask	Gateway	Interface	Metric
0. 0. 0. 0	0. 0. 0. 0	10. 16. 70. 1	10. 16. 70. 251	20
10. 16. 70. 0	255. 255. 255. 0	10. 16. 70. 251	10. 16. 70. 251	20
10. 16. 70. 251	255. 255. 255. 255	127. 0. 0. 1	127. 0. 0. 1	20
10. 255. 255. 255	255. 255. 255. 255	10. 16. 70. 251	10. 16. 70. 251	20
127. 0. 0. 0	255. 0. 0. 0	127. 0. 0. 1	127. 0. 0. 1	1
224. 0. 0. 0	240. 0. 0. 0	10. 16. 70. 251	10. 16. 70. 251	20
255. 255. 255. 255	255. 255. 255. 255	10. 16. 70. 251	10. 16. 70. 251	1

Default Gateway：　　10. 16. 70. 1

各项含义如下：

Active Routes：活动的路由。

Network destination：目的网段。

Netmask：子网掩码。

Gateway：网关。

Interface：接口，定义了针对特定的网络目的地址。

Metric：跳数，用于指出路由的成本，通常情况下代表到达目标地址所需要经过的跳跃数量。一个跳数代表经过一个路由器，跳数越低，代表路由成本越低、优先级越高。

其中，第一条路由信息：缺省路由。表示当系统接收到一个目的地址不在路由表中的数据包时，系统会将该数据包通过 10. 16. 70. 251 这个接口发送到缺省网关 10. 16. 70. 1。

第二条路由信息：直连网段的路由。当系统接收到一个发往目的网段 10. 16. 70. 0/24 的数据包时，系统会将该数据包通过 10. 16. 70. 251 这个接口发送出去。

第三条路由信息：本地主机路由。当系统接收到一个目标 IP 地址为本地网卡 IP 地址的数据包时，系统会将该数据包收下。

第四条路由信息：本地广播路由。当系统接收到一个发给直连网段的本地广播数据包时，系统会将该数据包从 10. 16. 70. 251 这个接口以广播的形式发送出去。

第五条路由信息：本地环路。当系统接收到一个发往目标网段 127. 0. 0. 0 的数据包时，系统将接收发送给该网段的所有数据包。

第六条路由信息：组播路由。当系统接收到一个组播数据包时，系统会将该数据包从 10. 16. 70. 251 这个接口以组播的形式发送出去。

第七条路由信息：广播路由。在系统接收到一个绝对广播数据包时，系统会将该数据包通过 10. 16. 70. 251 这个接口发送出去。

Default Gateway 缺省网关地址是 10. 16. 70. 1。

（2）为目的网络 10. 16. 80. 0，子网掩码为 255. 255. 0. 0 的网络添加路由信息，下一跳地址为 10. 16. 70. 1。

在命令提示符下执行的命令为：

route add 10. 16. 80. 0 mask 255. 255. 255. 0 10. 16. 70. 1

（3）修改上例中添加的路由信息，将下一跳地址改为 10. 16. 70. 2。

在命令提示符下执行的命令为：

route change 10. 16. 80. 0 mask 255. 255. 255. 0 10. 16. 70. 2

（4）删除上例中添加的路由信息。

在命令提示符下执行的命令为：

route delete 10. 16. 80. 0 mask 255. 255. 255. 0

（七）Tracert 命令

1. 简介

Tracert 是路由跟踪实用程序，用于确定 IP 数据包访问目标所采取的路径。Tracert 命令用 IP 生存时间（TTL）字段和 ICMP 错误消息来确定从一个主机到网络上其他主机的路由。

其命令格式如下：

tracert [-d] [-h maximum_hops] [-j computer－list] [-w timeout] target_name

各项参数含义如下：

-d 指定不将地址解析为计算机名。

-h maximum_hops 指定搜索目标的最大跃点数。

-j computer-list 指定沿 computer-list 的稀疏源路由。

-w timeout 每次应答等待 timeout 指定的微秒数。

target_name 目标计算机的名称。

最常用的用法“tracert hostname”，

其中“hostname”是计算机名或想跟踪其路径的计算机的 IP 地址。

通过向目标发送不同 IP 生存时间（TTL）值的“Internet 控制消息协议（ICMP）”回应数据包，Tracert 诊断程序确定到目标所采取的路由。要求路径上的每个路由器在转发数据包之前至少将数据包上的 TTL 递减 1。数据包上的 TTL 减为 0 时，路由器应该将“ICMP 已超时”的消息发回源系统。

Tracert 先发送 TTL 为 1 的回应数据包，并在随后的每次发送过程将 TTL 递增 1，直到目标响应或 TTL 达到最大值，从而确定路由。通过检查中间路由器发回的“ICMP 已超时”的消息确定路由。某些路由器不经询问直接丢弃 TTL 过期的数据包，这在 Tracert 实用程序中看不到。

2. 实例

用 Tracert 命令查看到达 10. 20. 80. 1 所经过的网络路径。

在命令提示符下执行如下命令：Tracert 10. 20. 80. 1 结果如下所示：

```
Tracing route to 10.20.80.1
over a maximum of 30 hops:
  1     1 ms     1 ms     1 ms   10.16.70.1
  2    <1 ms    <1 ms    <1 ms   192.168.0.17
  3    <1 ms    <1 ms    <1 ms   192.168.100.5
  4    <1 ms    <1 ms    <1 ms   10.20.20.1
  5    <1 ms    <1 ms    <1 ms   10.20.80.1
Trace complete.
```

结果包括五列数据，第一列数据表示节点数，第二至第四列为各节点对探测包的响应时间。一般情况下三个时间相差应该不大，如果相差很大，说明网络变化较大；如果出现 * 号，表示超时；出现 request timed out 表示路由器没有回复。第五列信息是经过的路由器的 IP 地址。

提示：可以用 Tracert 命令检测网络故障的位置，在显示的结果中，超时位置可能就是网络故障的位置。

第四章　网络设备配置基础

一、本章重点

（1）掌握配置网络设备的方式。

（2）掌握网络设备配置命令行。

二、网络设备配置方式

对网络设备进行配置的方式包括通过 Console 口配置和 Telnet 配置。当用户对网络设备第一次进行配置时，通常选择通过 Console 口登录设备，进行配置。如果用户已经通过 Console 口正确配置了网络设备接口的 IP 地址，这时可以用 Telnet 通过局域网登录到网络设备，然后对网络设备进行配置。

（一）通过 Console 口配置网络设备

当网络设备第一次使用时，通常选择通过 Console 口登录设备进行配置。要想通过 Console 口对网络设备进行配置，需要完成以下准备工作：

（1）计算机已安装终端仿真程序（如 Windows XP 的超级终端）。

（2）准备好 Console 通信电缆。

（3）准备终端通信参数（包括波特率、数据位、奇偶校验、停止位和流量控制）。

1. 配置环境

通过配置口搭建的本地配置环境如图 4-1 所示。

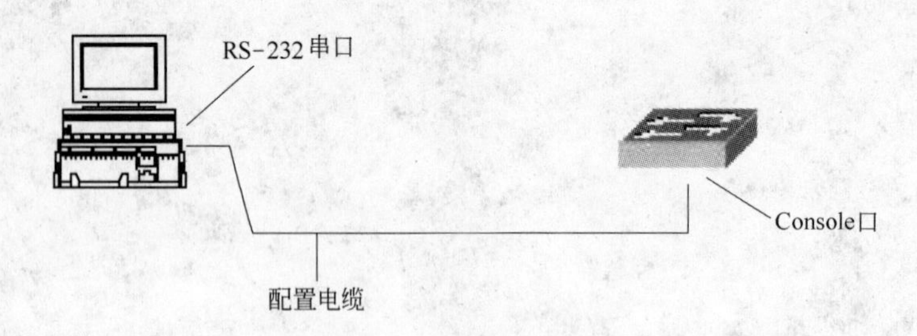

图 4-1　通过配置口搭建的本地配置环境

2. 操作步骤

第一步：使用配置电缆将本地计算机的 COM 口和网络设备的 Console 口连接，给网络设备加电，保证网络设备自检正常。

第二步：在计算机上依次左键单击“开始”—“所有程序”—“附件”—“通信”—“超级终端”，打开终端仿真程序（如 Windows XP 的超级终端），在新建连接对话框中输入新建连接的名称，如图 4-2 所示。

第三步：左键单击“确定”按钮，选择连接时使用的端口，也就是本地计算机连接到网络设备的 Console 口的接口，如图 4-3 所示。

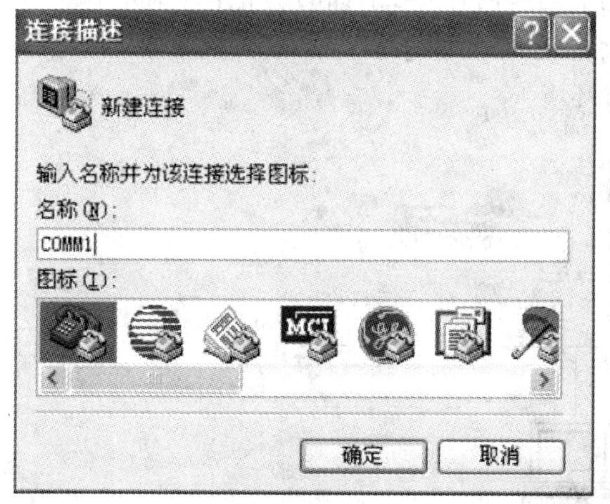

图 4-2　新建连接

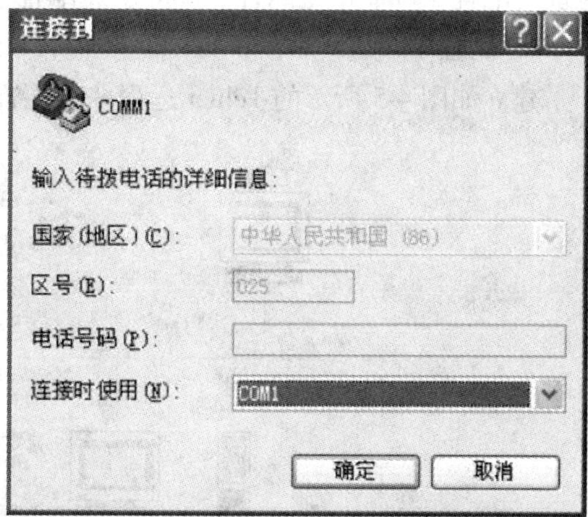

图 4-3　选择连接时使用的端口

第四步：左键单击“确定”按钮，设置端口通信参数，与设备的缺省值保持一致，如图 4-4 所示。

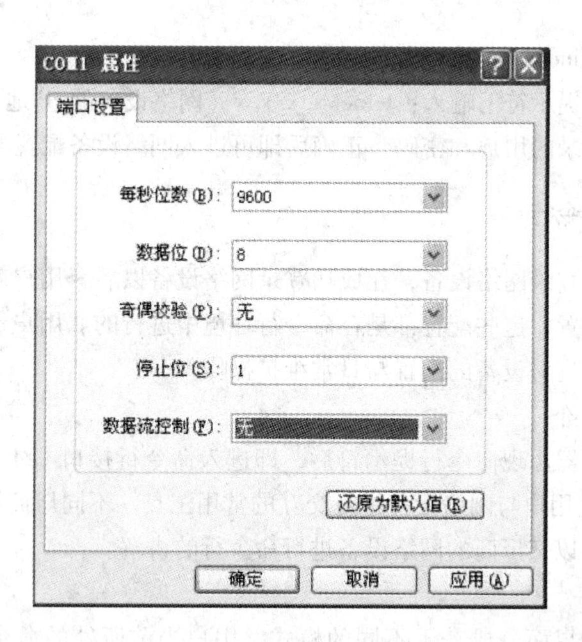

图 4-4　端口通信参数设置

第五步：左键单击“确定”按钮，终端上显示网络设备的自检信息，自检结束后提示用户键入“回车”，直到出现命令行提示符。

第六步：在命令提示符下输入命令，进行网络设备配置。

（二）通过 Telnet 远程登录配置网络设备

除了通过 Console 口可以对网络设备进行配置以外，还可以通过 Telnet 远程登录对网络设备进行配置，但是前提条件是要对网络设备进行必要的配置，包括网络设备接口 IP 地址的配置、Line 口令配置、Line 用户配置等，这些内容会在后面的章节中详细介绍。

1. 配置环境

建立如图 4-5 所示的 Telnet 远程登录配置环境。

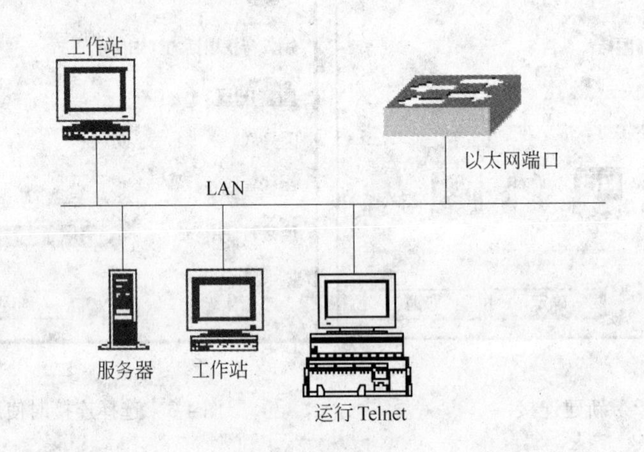

图 4-5 Telnet 远程登录配置环境

2. 操作步骤

第一步：进入 Windows 的命令行提示符。

第二步：在命令提示符下输入：telnet x. x. x. x（网络设备的 IP 地址）。

第三步：输入登录的用户和密码，正确后即可进入网络设备配置的命令行。

三、网络设备配置命令行

上面讲述了如何登录网络设备，在成功登录网络设备以后，用户就可以对网路设备进行各种网络环境的配置，这些配置都是在命令行环境中进行的。用户通过命令行对网络设备下发各种命令来实现对设备的配置与日常维护操作。

（一）命令行简介

用户登录到路由器出现命令行提示符后，即进入命令行接口 CLI（command line interface），命令行接口是用户与网络设备进行交互的常用工具。不同厂商设备的命令行操作有稍微区别，下述内容以某厂商的网络设备进行命令行的讲解。

1. 命令模式

某厂商设备管理界面分成若干不同的模式，用户当前所处的命令模式决定了可以使用的命令。当进入一个命令模式后，在命令提示符下输入问号键（?）可以列出该命令模式下支持使用的命令。

当用户和设备管理界面建立一个新的会话连接时，用户首先处于用户模式（User EXEC 模式），可以使用用户模式的命令。在用户模式下，只可以使用少量命令，并且命令的功能也受到一些限制，如 show 命令等。用户模式下的命令的操作结果不会被保存。

要使用所有的命令，首先必须进入特权模式（Privileged EXEC 模式）。通常，在进入特权模式时必须输入特权模式的口令。在特权模式下，用户可以使用所有的特权命令，并且能够由此进入全局配置模式。

使用配置模式（全局配置模式、接口配置模式等）的命令，会对当前运行的配置产生影响。如果用户保存了配置信息，这些命令将被保存下来，并在系统重新启动时再次执行。要进入各种配置模式，首先必须进入全局配置模式。从全局配置模式出发，可以进入接口配置模式等各种配置子模式。

表 4-1 列出了主要命令的模式、如何访问每个模式、模式的提示符、如何离开模式。这里假定设备的名字为缺省的“Ruijie”。

表 4-1　主要命令模式概要

命令模式	访问方法	提 示 符	离开或访问下一模式	说　明
User EXEC（用户模式）	访问设备时首先进入该模式	Ruijie >	输入 exit 命令离开该模式，要进入特权模式，输入 enable 命令	使用该模式来进行基本测试、显示系统信息
Privileged EXEC（特权模式）	在用户模式下，使用 enable 命令进入该模式	Ruijie#	要返回到用户模式，输入 disable 命令。要进入全局配置模式，输入 configure 命令	使用该模式来验证设置命令的结果。该模式是具有口令保护的
Global configuration（全局配置模式）	在特权模式下，使用 configure 命令进入该模式	Ruijie(config)#	要返回到特权模式，输入 exit 命令或 end 命令，或者键入 Ctrl + C 组合键。要进入接口配置模式，输入 interface 命令。在 interface 命令中必须指明要进入哪一个接口配置子模式。要进入 VLAN 配置模式，输入 vlan vlan_id 命令	使用该模式的命令来配置影响整个设备的全局参数
Interface configuration（接口配置模式）	在全局配置模式下，使用 interface 命令进入该模式	Ruijie(config-if)#	要返回到特权模式，输入 end 命令，或键入 Ctrl + C 组合键。要返回到全局配置模式，输入 exit 命令。在 interface 命令中必须指明要进入哪一个接口配置子模式	使用该模式配置设备的各种接口
Config-vlan（VLAN 配置模式）	在全局配置模式下，使用 vlan vlan_id 命令进入该模式	Ruijie(config-vlan)#	要返回到特权模式，输入 end 命令，或键入 Ctrl + C 组合键。要返回到全局配置模式，输入 exit 命令	使用该模式配置 VLAN 参数

2. 使用帮助

用户可以在命令提示符下输入问号键“?”，列出每个命令模式支持的命令。用户也可以列出相同开头的命令关键字或者每个命令的参数信息，见表4-2。

表4-2 帮助信息表

命 令	说 明
Help	在任何命令模式下获得帮助系统的摘 要描述信息
简写命令?	获得相同开头的命令关键字字符串。 例如： Ruijie# di? dir disable
简写命令 < Tab >	使命令的关键字完整。 例如： Ruijie# show conf < Tab > Ruijie# show configuration
提示下一个关键字?	列出该命令的下一个关联的关键字。 例如： Ruijie# show ?
提示下一个变量?	列出该关键字关联的下一个变量。 例如： Ruijie （config） # snmp-server community? WORD SNMP community string

3. 简写命令

如果想简写命令，只需要输入命令关键字的一部分字符，只要这部分字符足够识别唯一的命令关键字即可。

例如，show running-config 命令可以写成：

Ruijie# show run

如果输入的命令不足以让系统唯一标识，则系统会给出“Ambiguous command：”的提示。

例如，要查看 access-lists 的信息，按如下输入则不完整：

Ruijie# show access

% Ambiguous command："show access"

4. 使用命令的 no 和 default 选项

几乎所有命令都有选项。通常使用选项来禁止某个特性或功能，或者执行与命令本身相反的操作。例如：

Ruijie#configure terminal

Ruijie(config)#interface gigabitEthernet 0/4

Ruijie(config-if)#shutdown　　//使用 shutdown 命令关闭接口

Ruijie(config-if)#no shutdown　　//使用 no shutdown 命令打开接口

配置命令大多有选项，命令的选项将命令的设置恢复为缺省值。大多数命令的缺省值是禁止该功能，因此在许多情况下 default 选项的作用和 no 选项是相同的，如上述的 shutdown 命令。然而部分命令的缺省值是允许该功能，在这种情况下，default 选项和 no 选项的作用是相反的。这时 default 选项打开该命令的功能，并将变量设置为缺省的允许状态。例如，在三层设备上缺省 IP 路由是打开的，则 default ip routing 命令的效果相当于 ip routing，而不是 no ip routing。

5. 提示信息

表 4-3 列出了用户在使用管理设备时可能遇到的错误提示信息。

表 4-3　常见命令行错误信息

错误信息	含　义	如何获取帮助
% Ambiguous command: "show c"	用户没有输入足够的字符，设备无法识别唯一的命令	重新输入命令，紧接着发生歧义的单词输入一个问号。可能输入的关键字将被显示出来
% Incomplete command	用户没有输入该命令的必需的关键字或者变量参数	重新输入命令，输入空格再输入一个问号。可能输入的关键字或者变量参数将被显示出来
% Invalid input detected at '^' marker	用户输入命令错误，'^' 符号指明了产生错误的单词的位置	在所在地命令模式提示符下输入一个问号，该模式允许的命令的关键字将被显示出来

6. 使用历史命令

系统提供了用户最近输入的命令的记录。该特性在重新输入长而且复杂的命令时将十分有用。从历史命令记录重新调用输入过的命令，操作方式见表 4-4。

表 4-4　历史命令操作方式

操　作	结　果
Ctrl-P 或上方向键	在历史命令表中浏览前一条命令。从最近的一条记录开始，重复使用该操作可以查询更早的记录
Ctrl-N 或下方向键	在使用了 Ctrl-P 或上方向键操作之后，使用该操作在历史命令表中回到更近的一条命令。重复使用该操作可以查询更近的记录
Ruijie（config-line）history size *number-of-lines*	设置终端的历史命令记录的条数，范围为 0 ~ 256，缺省为 10 条

7. 编辑快捷键

系统提供了命令行编辑快捷键，见表 4-5。

表 4-5　命令行编辑快捷键

功　能	快 捷 键	说　明
在编辑行内移动光标	左方向键或 Ctrl-B	光标移到左边一个字符
	右方向键或 Ctrl-F	光标移到右边一个字符
	Ctrl-A	光标移到命令行的首部
	Ctrl-E	光标移到命令行的尾部

续表 4-5

功　能	快捷键	说　明
删除输入的字符	Backspace 键	删除光标左边的一个字符
	Delete 键	删除光标所在的字符
输出时屏幕滚动一行或一页	Return 键	在显示内容时用回车键将输出的内容向上滚动一行，显示下一行的内容，仅在输出内容未结束时使用
	Space 键	在显示内容时用空格键将输出的内容向上滚动一页，显示下一页内容，仅在输出内容未结束时使用

第五章　网络交换配置

实验十二　交换机基本配置

一、实验目的

（1）掌握交换机命令行各种操作模式的区别，能够使用各种帮助信息，以及用命令进行基本的配置。

（2）了解、掌握交换机的命令行操作技巧。

二、实验要求

熟悉交换机各种不同的配置模式以及如何在配置模式间切换，使用命令进行基本的配置，能够运用命令行界面的操作技巧。

三、实验拓扑

交换机基本配置实验网络拓扑图如图 5-1 所示。

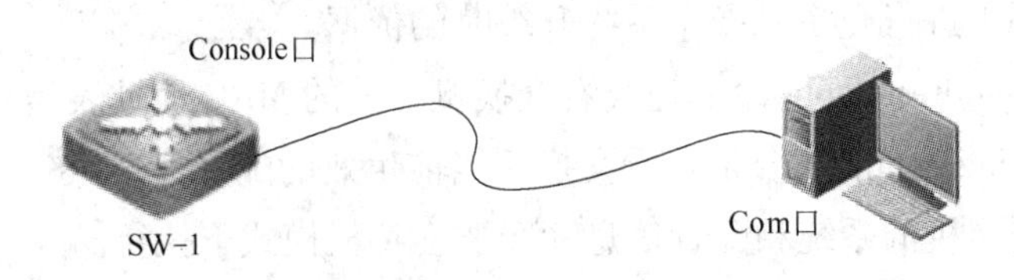

图 5-1　交换机基本配置实验网络拓扑图

四、实验设备

交换机 1 台，计算机 1 台。

五、实验原理

交换机的管理方式基本分为两种：带内管理和带外管理。通过交换机的 Console 口管理交换机属于带外管理，不占用交换机的网络接口，其特点是需要使用配置线缆，近距离配置。第一次配置交换机时必须利用 Console 端口进行配置。

交换机的命令行操作模式主要包括用户模式、特权模式、全局配置模式、端口模式等，在不同的模式下所能运行的命令也各不相同，用户要根据实际网络环境在正确的模式下运行相关的命令。

（1）用户模式。进入交换机后得到的第一个操作模式，该模式下可以简单查看交换机的软、硬件版本信息，并进行简单的测试。用户模式提示符为 switch >。

（2）特权模式。由用户模式进入的下一级模式，该模式下可以对交换机的配置文件进行管理，查看交换机的配置信息，进行网络的测试和调试等。特权模式提示符为 switch#。

（3）全局配置模式。属于特权模式的下一级模式，该模式下可以配置交换机的全局性参数，如主机名、登录信息等。在该模式下可以进入下一级的配置模式，对交换机具体的功能进行配置。全局模式提示符为 switch(config)#。

（4）端口模式。属于全局模式的下一级模式，该模式下可以对交换机的端口进行参数配置。端口模式提示符为 switch(config-if)#。

交换机的基本操作命令包括：

- Exit 命令是退回到上一级操作模式。
- End 命令是指用户从特权模式以下级别直接返回到特权模式。
- Hostname 命令是配置交换机的设备名称，配置交换机的设备名称和配置交换机的描述信息必须在全局配置模式下执行。
- Banner motd 命令是配置交换机每日提示信息 motd message of the day。
- Banner login 命令是配置交换机登录提示信息，位于每日提示信息之后。

提示：通过配置交换机标题信息可以在用户登录交换机时，告诉用户一些必要的信息。

- Show version 命令是查看交换机的版本信息，可以查看到交换机的硬件版本信息和软件版本信息，用于进行交换机操作系统升级时的依据。
- Show mac-address-table 命令是查看交换机当前的 MAC 地址表信息。
- Show running-config 命令是查看交换机当前生效的配置信息。

提示：查看交换机的系统和配置信息命令要在特权模式下执行。

六、实验步骤

第一步：交换机各种操作模式的切换。

（1）使用 enable 命令从用户模式进入特权模式：

```
Switch > enable
Switch#
```

（2）使用 configure terminal 命令从特权模式进入全局配置模式：

```
Switch#configure terminal
Enter configuration commands,one per line. End with CNTL/Z.
Switch(config)#
```

（3）使用 interface 命令进入接口配置模式，例如进入 fastEthernet 0/1 配置模式：

```
Switch(config)#interface fastEthernet 0/1
Switch(config-if)#
```

（4）使用 exit 命令退回上一级操作模式：

```
Switch(config-if)#exit
Switch(config)#
```

（5）使用 end 命令直接退回特权模式：

```
Switch(config-if)#end
Switch#
```

第二步：交换机命令行界面基本功能。

（1）使用?号显示当前模式下所有可执行的命令：

```
Switch#?
Exec commands:
<1-99>          Session number to resume
cd              Change current working directory
…
…
```

（2）使用 Tab 键补齐命令：

```
Swtich>en 按 Tab 键
Swtich>enable
```

提示：用户想要输入 enable 命令，只要输入 en 后，按 Tab 键系统会自动补全 enable 命令。

第三步：配置交换机的名称。

用户在配置模式下，使用 hostname 命令配置交换机的名称：

```
Switch(config)#hostname SW-1
```

第四步：查看交换机系统信息（其中#后面的为注释）。

```
switch#show version
System description:Ruijie Layer 3 Gigabit Intelligent Switch(S3250-24)By Ruijie Network
System start time:2012-5-10 9:8:58    #交换机描述信息
System hardware version:1.60    #设备硬件版本信息
System software version:RGNOS 10.2.00(3b11),Release(40594)    #操作系统版本信息
System boot version:10.2.22136
System CTRL version:10.2.39267
```

```
System serial number:1234942570072
Device information:
  Device-1
    Hardware version:1.6
    Software version:RGNOS 10.2.00(3b11),Release(40594)
    BOOT version:10.2.22136
    CTRL version:10.2.39267
Serial Number:1234942570072
```

第五步：查看交换机的配置信息。

```
Switch#show running-config
```

交换机配置信息显示如下：

```
Building configuration…
Current configuration:1279 bytes
!
version RGNOS 10.2.00(2),Release(27932)(Thu Dec 13 10:31:41 CST 2007-ngcf32)
hostname Switch
!
vlan 1
!
no service password-encryption
!
interface FastEthernet 0/1
!
interface FastEthernet 0/2
!
interface FastEthernet 0/3
!
interface FastEthernet 0/4
!
interface FastEthernet 0/5
!
interface FastEthernet 0/6
!
interface FastEthernet 0/7
!
interface FastEthernet 0/8
```

```
!
interface FastEthernet 0/9
!
interface FastEthernet 0/10
!
interface FastEthernet 0/11
!
interface FastEthernet 0/12
!
interface FastEthernet 0/13
!
interface FastEthernet 0/14
!
interface FastEthernet 0/15
!
interface FastEthernet 0/16
!
interface FastEthernet 0/17
!
interface FastEthernet 0/18
!
interface FastEthernet 0/19
!
interface FastEthernet 0/20
!
interface FastEthernet 0/21
!
interface FastEthernet 0/22
!
interface FastEthernet 0/23
!
interface FastEthernet 0/24
!
interface GigabitEthernet 0/25
!
interface GigabitEthernet 0/26
!
interface GigabitEthernet 0/27
```

```
!
interface GigabitEthernet 0/28
!
!
line con 0
line vty 0 4
  login
!
end
```

第六步：保存配置信息。

```
SW-1#copy running-config startup-config
SW-1#write memory
SW-1#write
```

提示：要想让设备的配置信息在下次设备启动时仍然有效，必须保存配置。以上三条命令都可以保存设备的配置信息。

七、注意事项

（1）命令行操作进行自动补齐或命令简写时，要求所简写的字母必须能够唯一区别该命令。如 switch#conf 可以代表 configure，但 switch#co 无法代表 configure，因为 co 开头的命令有两个（copy 和 configure），设备无法区别。

（2）注意区别每个操作模式下可执行的命令种类。交换机不可以跨模式执行命令。

（3）配置设备名称的有效字符是 22 个字节。

（4）配置每日提示信息时，注意终止符不能在描述文本中出现。如果键入结束的终止符后仍然输入字符，则这些字符将被系统丢弃。

（5）交换机端口在默认情况下是开启的，AdminStatus 是 up 状态，如果该端口没有实际连接其他设备，OperStatus 是 down 状态。

（6）show running-config 查看的是当前生效的配置信息，该信息存储在 RAM（随机存储器里），当交换机掉电，重新启动时会重新生成新的配置信息。

实验十三　交换机接口配置

一、实验目的

掌握交换机接口类型的划分、交换机接口详细定义。

二、实验要求

能够正确配置接口的类型、速度、流控等。

三、实验原理

1. 接口类型

一般情况下，网络交换机设备的接口类型可分为以下两大类：二层接口（L2 interface）和三层接口（L3 interface），其中只有三层交换机设备才支持三层接口。

二层交换机的设备接口类型包括 Access Port 和 Trunk Port，每个 Access Port 只能属于一个 VLAN，它只传输属于这个 VLAN 的帧。一般用于连接计算机。每个 Trunk Port 可以属于多个 VLAN，能够接收和发送属于多个 VLAN 的帧，一般用于设备之间的连接，也可以用于连接用户的计算机。

三层交换机支持三层接口，三层接口分为 SVI（Switch virtual interface）接口和 Routed Port 接口。

SVI 是交换虚拟接口，用来实现三层交换的逻辑接口。SVI 可以作为本机的管理接口，通过该管理接口管理员可管理设备。您也可以创建 SVI 为一个网关接口，就相当于是对应各个 VLAN 的虚拟的子接口，可用于三层设备中跨 VLAN 之间的路由。

一个 Routed Port 是一个物理端口，就如同三层设备上的一个端口，能用一个三层路由协议配置。在三层设备上，可以把单个物理端口设置为 Routed Port，作为三层交换的网关接口。一个 Routed Port 与一个特定的 VLAN 没有关系，而是作为一个访问端口。Routed Port 不具备二层交换的功能。

2. 接口编号规则

对于 Switch Port，其编号由两个部分组成：插槽号，端口在插槽上的编号。例如端口所在的插槽编号为 2，端口在插槽上的编号为 3，则端口对应的接口编号为 2/3。插槽的编号是从 0 ~ 插槽的个数。插槽的编号规则是：面对设备的面板，插槽按照从前至后、从左至右、从上至下的顺序依次排列，对应的插槽号从 1 开始依次增加。插槽上的端口编号是从 1 ~ 插槽上的端口数，编号顺序是从左到右。对于可以选择介质类型的设备，端口包括两种介质（光口和电口），无论使用哪种介质，都使用相同的端口编号。您也可以通过命令行中的 show 命令来查看插槽以及插槽上的端口信息。

3. 接口介质类型

有些接口可以有多种介质类型供用户选择。可以选择其中一种介质使用。一旦选定介质类型，接口的连接状态、速度、双工、流控等属性都是指该介质类型的属性，如果改变介质类型，新选介质类型的这些属性将使用默认值，可以根据需要重新设定这些属性。

接口管理状态有两种：up 和 down，当端口被关闭时，端口的管理状态为 down，否则为 up；接口速度类型包括 10M、100M、1000M 和自适应；双工模式分为全双工、半双工、自动协商；接口的流控模式可以设置为开启和关闭，也可以设置为自动模式。

4. 实验步骤

第一步：进入接口配置模式，配置快速以太网接口 0/1 接口。

```
Ruijie#configure terminal
```

```
Enter configuration commands,one per line. End with CNTL/Z.
Ruijie(config)#interface Fastethernet 0/1
```

第二步：配置接口 0/1，类型为 access，退出接口配置模式。

```
Ruijie(config-if)#switchport mode access
Ruijie(config-if)#end
```

第三步：进入快速以太网接口 0/2 接口模式，配置类型为 trunk，退出接口配置模式。

```
Ruijie(config)#interface Fastethernet 0/2
Ruijie(config-if)#switchport mode trunk
Ruijie(config-if)#end
```

第四步：配置快速以太网接口 0/1 的速度双工，流控为自协商模式，端口安全打开。

```
Ruijie(config)#interface Fastethernet 0/1
Ruijie(config-if)#speed auto
Ruijie(config-if)#duplex auto
Ruijie(config-if)#flowcontrol auto
Ruijie(config-if)#switchport port-security
Ruijie(config-if)#end
```

第五步：配置接口 0/1 的状态为 on，接口 0/2 的状态为 down。

```
Ruijie(config)#interface Fastethernet 0/1
Ruijie(config-if)#no shutdown
Ruijie(config)#interface Fastethernet 0/2
Ruijie(config-if)#shutdown
```

第六步：保存配置。

```
Ruijie#write
```

第七步：查看接口 0/1 的状态和配置信息。

```
Ruijie#show int fastEthernet 0/1
Index(dec):1(hex):1
FastEthernet 0/1 is DOWN,line protocol is DOWN
Hardware is Broadcom 5464 FastEthernet
Interface address is:no ip address
  MTU 1500 bytes,BW 100000 Kbit
  Encapsulation protocol is Bridge,loopback not set
  Keepalive interval is 10 sec ,set
  Carrier delay is 2 sec
```

```
  RXload is 1 ,Txload is 1
  Queueing strategy:WFQ
  Switchport attributes:
    interface's description:""
    medium-type is copper
    lastchange time:0 Day:0 Hour:0 Minute:18 Second
    Priority is 0
    admin duplex mode is AUTO,oper duplex is Unknown
    admin speed is AUTO,oper speed is Unknown
    flow control admin status is AUTO,flow control oper status is Unknown
    broadcast Storm Control is ON,multicast Storm Control is OFF,unicast Storm
Control is ON
  5 minutes input rate 0 bits/sec,0 packets/sec
  5 minutes output rate 0 bits/sec,0 packets/sec
    0 packets input,0 bytes,0 no buffer,0 dropped
    Received 0 broadcasts,0 runts,0 giants
    0 input errors,0 CRC,0 frame,0 overrun,0 abort
    0 packets output,0 bytes,0 underruns ,0 dropped
    0 output errors,0 collisions,0 interface resets
```

第八步：查看接口 0/2 的状态和配置信息。

```
Ruijie#show interfaces fastEthernet 0/2
Index(dec):2(hex):2
FastEthernet 0/2 is administratively down,line protocol is DOWN
Hardware is Broadcom 5464 FastEthernet
Interface address is:no ip address
  MTU 1500 bytes,BW 100000 Kbit
  Encapsulation protocol is Bridge,loopback not set
  Keepalive interval is 10 sec ,set
  Carrier delay is 2 sec
  RXload is 1 ,Txload is 1
  Queueing strategy:WFQ
  Switchport attributes:
    interface's description:""
    medium-type is copper
    lastchange time:0 Day:0 Hour:8 Minute:13 Second
    Priority is 0
    admin duplex mode is AUTO,oper duplex is Unknown
```

admin speed is AUTO, oper speed is Unknown

flow control admin status is OFF, flow control oper status is Unknown

broadcast Storm Control is ON, multicast Storm Control is OFF, unicast Storm Control is ON

5 minutes input rate 0 bits/sec, 0 packets/sec

5 minutes output rate 0 bits/sec, 0 packets/sec

0 packets input, 0 bytes, 0 no buffer, 0 dropped

Received 0 broadcasts, 0 runts, 0 giants

0 input errors, 0 CRC, 0 frame, 0 overrun, 0 abort

0 packets output, 0 bytes, 0 underruns , 0 dropped

0 output errors, 0 collisions, 0 interface resets

实验十四　使用 SVI 实现 VLAN 间路由

一、实验目的

利用三层交换机实现 VLAN 间路由。

二、实验要求

配置三层交换机的 SVI 接口实现 VLAN 间的路由。

三、实验原理

VLAN 间的主机通信为不同网段间的通信，需要通过三层设备对数据进行路由转发才可以实现，通过在三层交换机上为各 VLAN 配置 SVI 接口，利用三层交换机的路由功能可以实现 VLAN 间的路由。

四、实验拓扑

SVI 实现 VLAN 间路由拓扑图如图 5-2 所示。

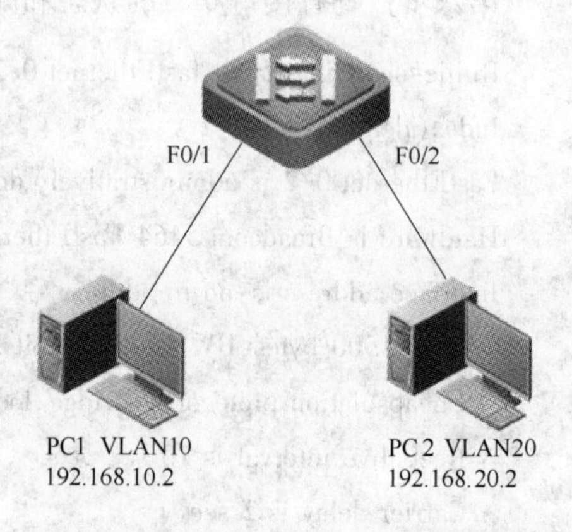

图 5-2　SVI 实现 VLAN 间路由拓扑图

五、实验设备

三层交换机 1 台、PC 机 2 台。

六、实验步骤

第一步：在三层交换机上创建 VLAN。

Switch#configure terminal

```
Switch(config)#vlan 10
Switch(config-vlan)#vlan 20
Switch(config-vlan)#exit
```

第二步：在三层交换机上将端口划分到相应 VLAN。

```
Switch(config)#interface fastEthernet 0/1
Switch(config-if)#switchport access vlan 10
Switch(config-if)#exit
Switch(config)#interface fastEthernet 0/2
Switch(config-if)#switchport access vlan 20
Switch(config-if)#exit
```

第三步：在三层交换机上给 VLAN 配置 IP 地址。

```
Switch(config)#interface vlan 10
Switch(config-if)#ip address 192.168.10.1 255.255.255.0
Switch(config-if)#no shutdown
Switch(config-if)#exit
Switch(config)#interface vlan 20
Switch(config-if)#ip address 192.168.20.1 255.255.255.0
Switch(config-if)#no shutdown
Switch(config-if)#exit
```

第四步：验证测试。

设置 PC。按拓扑中所示设置 PC 的 IP 地址，并连线，从 VLAN10 中的 PC1 ping VLAN20 中的 PC2，结果如下：

```
C:\Documents and Settings\shil>ping 192.168.20.2
Pinging 192.168.20.2 with 32 bytes of data:
Reply from 192.168.20.2:bytes=32 time<1ms TTL=64
Reply from 192.168.20.2:bytes=32 time<1ms TTL=64
Reply from 192.168.20.2:bytes=32 time<1ms TTL=64
Reply from 192.168.20.2:bytes=32 time<1ms TTL=64
Ping statistics for 192.168.20.2:
    Packets:Sent = 4,Received = 4,Lost = 0(0% loss),
Approximate round trip times in milli-seconds:
    Minimum = 0ms,Maximum = 0ms,Average = 0ms
```

从上述测试结果可以看出，通过在三层交换机上配置 SVI 接口实现了不同 VLAN 之间的主机通信。

七、注意事项

VLAN 中 PC 的 IP 地址需要和三层交换机上相应 VLAN 的 IP 地址在同一网段，并且主机网关配置为三层交换机上相应 VLAN 的 IP 地址。

实验十五　三层交换机实现 VLAN 间路由

一、实验目的

掌握如何在三层交换机上配置 SVI 端口，实现 VLAN 间的路由。

二、实验要求

需要在网络内所有的交换机上配置 VLAN，然后在三层交换机上给相应的 VLAN 设置 IP 地址，以实现 VLAN 间的路由。

三、实验原理

在交换网络中，通过 VLAN 对一个物理网络进行了逻辑划分，不同的 VLAN 之间是无法直接访问的，必须通过三层的路由设备进行连接。一般利用路由器或三层交换机来实现不同 VLAN 之间的互相访问。三层交换机和路由器具备网络层的功能，能够根据数据的 IP 包头信息进行选路和转发，从而实现不同网段之间的访问。

直连路由是指：为三层设备的接口配置 IP 地址，并且激活该端口，三层设备会自动产生该接口 IP 所在网段的直连路由信息。

三层交换机实现 VLAN 互访的原理是：利用三层交换机的路由功能，通过识别数据包的 IP 地址，查找路由表进行选路转发。三层交换机利用直连路由可以实现不同 VLAN 之间的互相访问。三层交换机给接口配置 IP 地址，采用 SVI（交换虚拟接口）的方式实现 VLAN 间互连。SVI 是指为交换机中的 VLAN 创建虚拟接口，并且配置 IP 地址。

四、实验拓扑

三层交换机实现 VLAN 间路由拓扑图如图 5-3 所示。

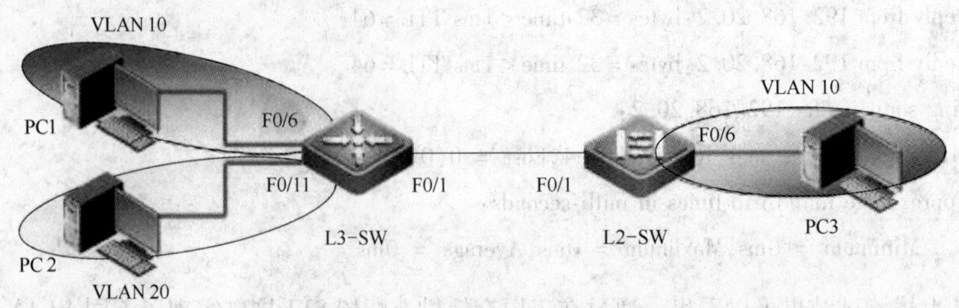

图 5-3　三层交换机实现 VLAN 间路由拓扑图

五、实验设备

三层交换机 1 台、二层交换机 1 台、计算机 3 台。

六、实验步骤

第一步：配置两台交换机的主机名。
配置二层交换机：

```
Switch#configure terminal
Enter configuration commands,one per line. End with CNTL/Z.
Switch(config)#hostname L2-SW
L2-SW(config)#
```

配置三层交换机：

```
S3750#configure terminal
Enter configuration commands,one per line. End with CNTL/Z.
S3750(config)#hostname L3-SW
L3-SW(config)#
```

第二步：在三层交换机上划分 VLAN 添加端口，并设置 Trunk。
创建 VLAN：

```
L3-SW(config)#vlan 10
L3-SW(config-vlan)#name xiaoshou
L3-SW(config-vlan)#vlan 20
L3-SW(config-vlan)#name jishu
L3-SW(config-vlan)#exit
L3-SW(config)#
```

设置端口模式和所属 VLAN：

```
L3-SW(config)#interface range fastEthernet 0/6-10
L3-SW(config-if-range)#switchport mode access
L3-SW(config-if-range)#switchport access vlan 10
L3-SW(config-if-range)#exit
L3-SW(config)#interface range fastEthernet 0/11-15
L3-SW(config-if-range)#switchport mode access
L3-SW(config-if-range)#switchport access vlan 20
L3-SW(config-if-range)#exit
L3-SW(config)#
```

配置 Trunk：

```
L3-SW(config)#interface fastEthernet 0/1
L3-SW(config-if)#switchport mode trunk
L3-SW(config-if)#exit
L3-SW(config)#
```

第三步：在二层交换机上划分 VLAN 添加端口，并设置 Trunk。

创建 VLAN：

```
L2-SW(config)#vlan 10
L2-SW(config-vlan)#name xiaoshou
L2-SW(config-vlan)#vlan 20
L2-SW(config-vlan)#name jishu
L2-SW(config-vlan)#exit
L2-SW(config)#
```

设置端口模式和所属 VLAN：

```
L2-SW(config)#interface range fastEthernet 0/6-10
L2-SW(config-if-range)#switchport mode access
L2-SW(config-if-range)#switchport access vlan 10
L2-SW(config-if-range)#exit
L2-SW(config)#
```

配置 Trunk：

```
L2-SW(config)#interface fastEthernet 0/1
L2-SW(config-if)#switchport mode trunk
L2-SW(config-if)#exit
L2-SW(config)#
```

第四步：查看 VLAN 和 Trunk 的配置。

```
L2-SW#show vlan
VLAN Name                             Status    Ports
---- -------------------------------- --------- -------------------------------
1    default                          active    Fa0/1 ,Fa0/2 ,Fa0/3
                                                  Fa0/4 ,Fa0/5 ,Fa0/11
                                                  Fa0/12,Fa0/13,Fa0/14
                                                  Fa0/15,Fa0/16,Fa0/17
                                                  Fa0/18,Fa0/19,Fa0/20
                                                  Fa0/21,Fa0/22,Fa0/23
                                                  Fa0/24
10   xiaoshou                         active    Fa0/1 ,Fa0/6 ,Fa0/7
```

```
                                                  Fa0/8 ,Fa0/9 ,Fa0/10
20    jishu                              active      Fa0/1

L2-SW#
L2-SW#show interfaces fastEthernet 0/1 switchport
Interface   Switchport Mode        Access   Native   Protected VLAN lists
---------- ---------- --------- ------- -------- --------- --------------------
Fa0/1         Enabled      Trunk      1          1             Disabled    All

L3-SW#show vlan
VLAN Name                                 Status       Ports
---- ------------------------------ --------- ----------------------------------
  1 VLAN0001                             STATIC         Fa0/1,Fa0/2,Fa0/3,Fa0/4
                                                     Fa0/5,Fa0/16,Fa0/17,Fa0/18
                                                     Fa0/19,Fa0/20,Fa0/21,Fa0/22
                                                     Fa0/23,Fa0/24,Gi0/25,Gi0/26
                                                     Gi0/27,Gi0/28
  10 xiaoshou                            STATIC        Fa0/1,Fa0/6,Fa0/7,Fa0/8
                                                       Fa0/9,Fa0/10
  20 jishu                               STATIC       Fa0/1,Fa0/11,Fa0/12,Fa0/13
                                                       Fa0/14,Fa0/15
L3-SW#
L3-SW#show interfaces fastEthernet 0/1 switchport
Interface                      Switchport Mode        Access Native Protected VLAN lists
----------------------- ---------- --------- ------ ------ --------- ----------
FastEthernet 0/1              enabled       TRUNK    1           1          Disabled    ALL
```

第五步：验证配置。

设置PC1的IP地址为192.168.10.98，PC2的IP地址为192.168.20.172。PC3和PC1都属于VLAN 10，它们的IP地址都在C类网络192.168.10.0/24内；PC2属于VLAN 20，它的IP地址在C类网络192.168.20.0/24内。此时，不同VLAN之间的PC3和PC2是不能Ping通的。

在PC3上使用Ping命令Ping 192.168.20.172，结果如图5-4所示。

第六步：在三层交换机上配置SVI端口。

配置三层交换机，激活VLAN 10的SVI端口并配置IP地址：

```
L3-SW#configure terminal
Enter configuration commands,one per line.    End with CNTL/Z.
L3-SW(config)#interface vlan 10
```

```
C:\WINDOWS\system32\cmd.exe
C:\>
C:\>ping 192.168.20.172

Pinging 192.168.20.172 with 32 bytes of data:

Request timed out.
Request timed out.
Request timed out.
Request timed out.

Ping statistics for 192.168.20.172:
    Packets: Sent = 4, Received = 0, Lost = 4 (100% loss),

C:\>
```

图5-4 从PC3不能Ping通PC2

```
L3-SW(config-if)#Dec  2 18:59:30 L3-SW %7:% LINE PROTOCOL CHANGE:Interface VLAN 10,changed state to UP
L3-SW(config-if)#ip address 192.168.10.1 255.255.255.0
L3-SW(config-if)#no shutdown
L3-SW(config-if)#exit
L3-SW(config)#
```

激活 VLAN 20 的 SVI 端口并配置 IP 地址：

```
L3-SW(config)#interface vlan 20
L3-SW(config-if)#Dec 2 19:00:05 L3-SW %7:% LINE PROTOCOL CHANGE:Interface VLAN 20,changed state to UP
L3-SW(config-if)#ip address 192.168.20.1 255.255.255.0
L3-SW(config-if)#no shutdown
L3-SW(config-if)#exit
L3-SW(config)#
```

第七步：查看 SVI 端口的配置。

```
L3-SW#show ip route
Codes:  C-connected,S-static,   R-RIP B-BGP
        O-OSPF,IA-OSPF inter area
        N1-OSPF NSSA external type 1,N2-OSPF NSSA external type 2
        E1-OSPF external type 1,E2-OSPF external type 2
        i-IS-IS,L1-IS-IS level-1,L2-IS-IS level-2,ia-IS-IS inter area
        *-candidate default
  Gateway of last resort is no set
```

```
C       192.168.10.0/24 is directly connected,VLAN 10
C       192.168.10.1/32 is local host.
C       192.168.20.0/24 is directly connected,VLAN 20
C       192.168.20.1/32 is local host.
L3-SW#
```

从中可以看到，VLAN 的虚拟端口上配置的 IP 地址，其网段成为三层交换机的直连路由。

```
L3-SW#show interfaces vlan 10
Index(dec):4106(hex):100a
VLAN 10 is UP   ,line protocol is UP
Hardware is   VLAN,address is 00d0.f821.a543(bia 00d0.f821.a543)
Interface address is:192.168.10.1/24
ARP type:ARPA,ARP Timeout:3600 seconds
  MTU 1500 bytes,BW 1000000 Kbit
  Encapsulation protocol is Ethernet-II,loopback not set
  Keepalive interval is 10 sec  ,set
  Carrier delay is 2 sec
  RXload is 1  ,Txload is 1
  Queueing strategy:WFQ
L3-SW#
L3-SW#show interfaces vlan 20
Index(dec):4116(hex):1014
VLAN 20 is UP   ,line protocol is UP
Hardware is   VLAN,address is 00d0.f821.a543(bia 00d0.f821.a543)
Interface address is:192.168.20.1/24
ARP type:ARPA,ARP Timeout:3600 seconds
  MTU 1500 bytes,BW 1000000 Kbit
  Encapsulation protocol is Ethernet-II,loopback not set
  Keepalive interval is 10 sec  ,set
  Carrier delay is 2 sec
  RXload is 1  ,Txload is 1
  Queueing strategy:WFQ
L3-SW#
```

第八步：验证配置。

给 PC3 添加网关 192.168.10.1。此时再从 PC3 去 Ping 不同 VLAN 的主机 PC2，是可以 Ping 通的，如图 5-5 所示。

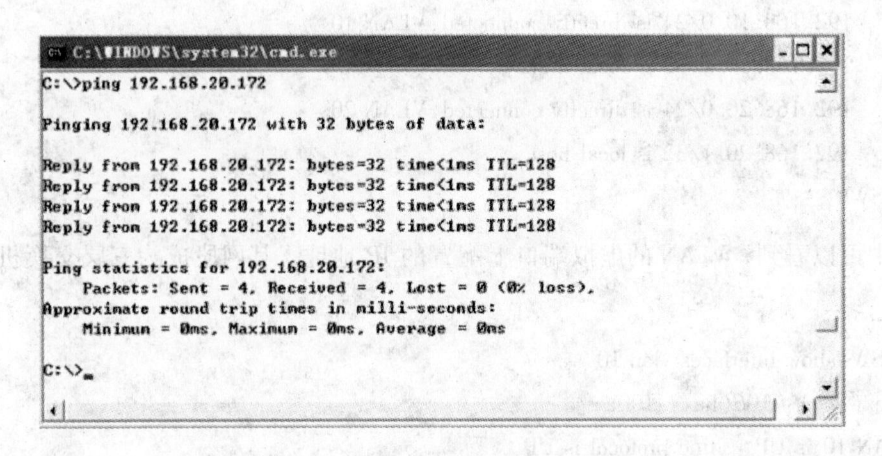

图 5-5 设置三层交换机后，PC3 可以 Ping 通 PC2

实验十六 跨交换机实现 VLAN 间路由

一、实验目的

利用三层交换机跨交换机实现 VLAN 间路由。

二、实验要求

在二层交换机上划分 VLAN 配置 Trunk 实现不同 VLAN 的主机接入，在三层交换机上划分 VLAN 配置 Trunk 并配置 SVI 接口，实现不同 VLAN 间路由。

三、实验原理

在二层交换机上划分 VLAN 可实现不同 VLAN 的主机接入，而 VLAN 间的主机通信为不同网段间的通信，需要通过三层设备对数据进行路由转发才可以实现，通过在三层交换机上为各 VLAN 配置 SVI 接口，利用三层交换机的路由功能可以实现 VLAN 间的路由。

四、实验设备

三层交换机 1 台、二层交换机 2 台、PC 机 2 台。

五、实验拓扑

跨交换机实现 VLAN 间路由拓扑图如图 5-6 所示。

六、实验步骤

第一步：在 SW1 中创建 VLAN。

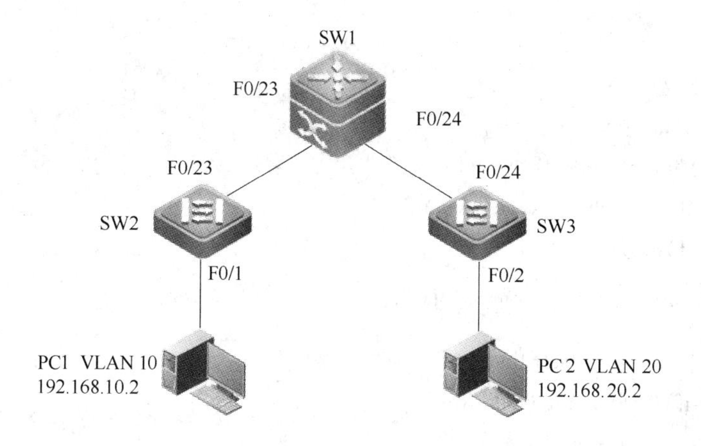

图 5-6　跨交换机实现 VLAN 间路由拓扑图

```
SW1(config)#vlan 10
SW1(config-vlan)#vlan 20
SW1(config-vlan)#exit
```

第二步：在 SW1 上给 VLAN 配置 IP 地址。

```
SW1(config)#interface vlan 10
SW1(config-if)#ip address 192. 168. 10. 1 255. 255. 255. 0
SW1(config-if)#no shutdown
SW1(config-if)#exit
SW1(config)#interface vlan 20
SW1(config-if)#ip address 192. 168. 20. 1 255. 255. 255. 0
SW1(config-if)#no shutdown
SW1(config-if)#exit
```

第三步：在 SW1 上配置 Trunk。

```
SW1(config)#interface fastEthernet 0/23
SW1(config-if)#switchport mode trunk
SW1(config-if)#exit
SW1(config)#interface fastEthernet 0/24
SW1(config-if)#switchport mode trunk
SW1(config-if)#exit
```

第四步：在 SW2 和 SW3 上创建相应的 VLAN，并将端口划分到 VLAN。

```
SW2(config)#vlan 10
SW2(config-vlan)#exit
SW2(config)#interface fastEthernet 0/1
SW2(config-if)#switchport access vlan 10
```

```
SW2(config-if)#exit
SW3(config)#vlan 20
SW3(config-vlan)#exit
SW3(config)#interface fastEthernet 0/2
SW3(config-if)#switchport access vlan 20
SW3(config-if)#exit
```

第五步：在 SW2 和 SW3 上配置 Trunk。

```
SW2(config)#interface fastEthernet 0/24
SW2(config-if)#switchport mode trunk
SW2(config-if)#exit
SW3(config)#interface fastEthernet 0/24
SW3(config-if)#switchport mode trunk
SW3(config-if)#exit
```

第六步：验证测试。

按照拓扑配置 PCIP 地址，并且连线，从 VLAN10 中的 PC1 ping VLAN20 中的 PC2，结果如下：

```
C:\Documents and Settings\shil>ping 192.168.20.2
Pinging 192.168.20.2 with 32 bytes of data:
Reply from 192.168.20.2:bytes=32 time<1ms TTL=64
Reply from 192.168.20.2:bytes=32 time<1ms TTL=64
Reply from 192.168.20.2:bytes=32 time<1ms TTL=64
Reply from 192.168.20.2:bytes=32 time<1ms TTL=64
Ping statistics for 192.168.20.2:
    Packets:Sent = 4,Received = 4,Lost = 0(0% loss),
Approximate round trip times in milli-seconds:
    Minimum = 0ms,Maximum = 0ms,Average = 0ms
```

从上述测试结果可以看出，通过接入层交换机上的 VLAN 划分和三层交换机的 SVI 配置，不同 VLAN 中的主机可以互相通信。

七、注意事项

交换机之间级联的端口需要配置为 Trunk。

实验十七　交换机端口安全

一、实验目的

掌握交换机的端口安全功能，控制用户的安全接入。

二、实验要求

针对交换机的端口，配置最大连接数为1，针对PC1主机的接口进行IP + MAC地址绑定。

三、实验原理

交换机端口安全功能是指针对交换机的端口进行安全属性的配置，从而控制用户的安全接入。交换机端口安全主要有两种：一是限制交换机端口的最大连接数，二是针对交换机端口进行MAC地址、IP地址的绑定。

限制交换机端口的最大连接数可以控制交换机端口下连的主机数，并防止用户进行恶意的ARP欺骗。

交换机端口的地址绑定可以针对IP地址、MAC地址、IP + MAC进行灵活的绑定，可以实现对用户进行严格的控制，保证用户的安全接入和防止常见的内网网络攻击，如ARP欺骗，IP地址、MAC地址欺骗，IP地址攻击等。

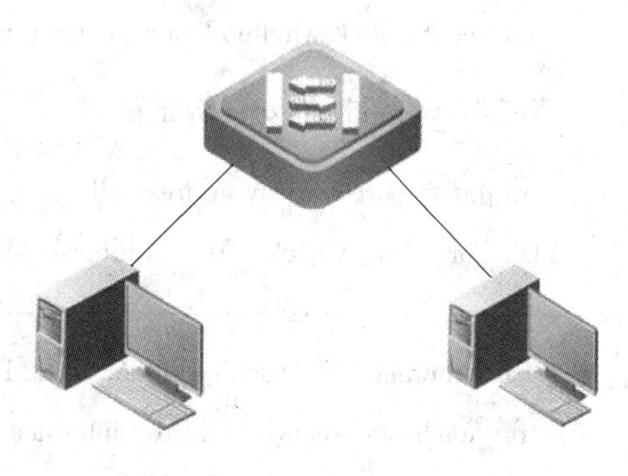

图5-7　交换机端口安全实验拓扑图

四、实验拓扑

交换机端口安全实验拓扑图如图5-7所示。

五、实验设备

交换机1台、PC机2台、直连网线2条。

六、实验步骤

第一步：配置交换机端口的最大连接数限制。

```
Ruijie #configure terminal
Ruijie(config)#interface range fastethernet 0/1
Ruijie(config-if)#switchport port-security
Ruijie(config-if)#switchport port-secruity maximum 1
Ruijie(config-if)#switchport port-secruity violation shutdown
```

第二步：配置交换机端口的MAC地址与IP地址绑定。

查看主机的IP和MAC地址信息

在主机上打开CMD命令提示符窗口，执行ipconfig /all命令，结果如下：

Ethernet adapter 本地连接：

```
    Connection-specific DNS Suffix  . :
    Description . . . . . . . . . . . :Intel(R)82567LM-3 Gigabit Network Connection
```

```
Physical Address. . . . . . . . . :00-06-1b-de-13-b4
Dhcp Enabled. . . . . . . . . . . :No
IP Address. . . . . . . . . . . :172. 16. 1. 55
Subnet Mask . . . . . . . . . . . :255. 255. 255. 0
Default Gateway . . . . . . . . . :172. 16. 1. 1
DNS Servers . . . . . . . . . . . :202. 166. 0. 20
```

配置交换机端口的地址绑定：

```
ruijie#configure terminal
ruijie(config)#interface  fastethernet 0/3
ruijie(config-if)#switchport port-security
ruijie(config-if)#switchport port-security mac-address 0006. 1bde. 13b4 ip-address 172. 16. 1. 55
```

第三步：查看地址安全绑定配置。

```
ruijie#sh port-security address all
Vlan Port   Arp-Check  Mac Address     IP Address  Type    Remaining Age(mins)
---- ----------------- --------- ------------ ------------- --------- ----------------
1 FastEthernet 0/3 Disabled 0006. 1bde. 13b4     172. 16. 1. 55 Configured     -
ruijie#sh port-security address interface fa0/3
Vlan Mac Address     IP Address        Type        Port        Remaining Age(mins)
---- -------------- -------------- ---------- ---------------------- ------------------
1   0006. 1bde. 13b4     172. 16. 1. 55 Configured        FastEthernet 0/3          -
```

第四步：配置交换机端口的 IP 地址绑定。

```
ruijie(config)#int fastEthernet 0/2
ruijie(config-if)#switchport port-security ip-address 10. 1. 1. 1
ruijie#show port-security address all
Vlan Port   Arp-Check  Mac Address     IP Address  Type    Remaining Age(mins)
---- ----------------- --------- ------------ ------------- --------- ----------------
1   FastEthernet 0/2   Disabled                 10. 1. 1. 1 Configured        -
1   FastEthernet 0/3   Disabled 0006. 1bde. 13b4   172. 16. 1. 55 Configured        -
```

七、注意事项

（1）交换机端口安全功能只能在 ACCESS 接口进行配置。

（2）交换机最大连接数限制取值范围是 1~128，默认值是 128。

（3）交换机最大连接数限制默认的处理方式是 protect。

实验十八　端口聚合配置

一、实验目的

理解端口聚合的工作原理，掌握如何在交换机上配置端口聚合。

二、实验要求

在两台交换机之间采用两根网线互连，并将相应的两个端口聚合为一个逻辑端口，提高交换机之间的传输带宽，并实现链路冗余备份。

三、实验拓扑

端口聚合配置实验拓扑图如图 5-8 所示。

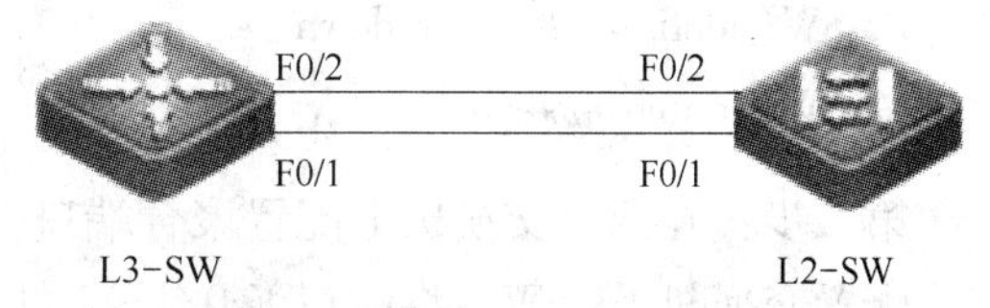

图 5-8　端口聚合配置实验拓扑图

按照拓扑图连接网络时注意：两台交换机都配置完端口聚合后，再将两台交换机连接起来。如果先连线再配置可能会造成广播风暴，影响交换机的正常工作。

四、实验设备

三层交换机 1 台，二层交换机 1 台。

五、实验原理

端口聚合（Aggregate-port）又称为链路聚合，是指两台交换机之间在物理上将多个端口连接起来，将多条链路聚合成一条逻辑链路，从而增大链路带宽，解决交换网络中因带宽引起的网络瓶颈问题。多条物理链路之间能够相互冗余备份，其中任意一条链路断开，不会影响其他链路的正常转发数据。

端口聚合遵循 IEEE 802. 3ad 协议的标准。

六、实验步骤

第一步：配置两台交换机的主机名和管理 IP 地址。

配置第一台交换机：

```
S3750#configure terminal
Enter configuration commands,one per line.   End with CNTL/Z.
S3750(config)#hostname L3-SW
L3-SW(config)#interface vlan 1
L3-SW(config-if)#Dec 3 01:03:22 L3-SW %7:%LINE PROTOCOL CHANGE:Interface VLAN
```

```
1,changed state to UP
L3-SW(config-if)#ip address 192.168.1.1 255.255.255.0
L3-SW(config-if)#no shutdown
L3-SW(config-if)#exit
```

配置第二台交换机：

```
Switch#configure terminal
Enter configuration commands,one per line.  End with CNTL/Z.
Switch(config)#hostname L2-SW
L2-SW(config)#interface vlan 1
L2-SW(config-if)#ip address 192.168.1.2 255.255.255.0
L2-SW(config-if)#no shutdown
L2-SW(config-if)#exit
```

第二步：在两台交换机上配置聚合端口。

配置交换机 L3-SW，将端口 Fa0/1 ~2 加入聚合端口 1，同时创建该聚合端口：

```
L3-SW(config)#interface range fastEthernet 0/1 ~2
L3-SW(config-if-range)#port-group 1
L3-SW(config-if-range)#Dec 3 01:03:57 L3-SW %7:% LINE PROTOCOL CHANGE:Interface
AggregatePort 1,changed state to UP
Dec 3 01:03:58 L3-SW %7:% LINK CHANGED:Interface FastEthernet 0/1,changed state to ad-
ministratively down
Dec 3 01:03:58 L3-SW %7:% LINE PROTOCOL CHANGE:Interface FastEthernet 0/1,changed
state to DOWN
Dec 3 01:03:58 L3-SW %7:% LINK CHANGED:Interface FastEthernet 0/2,changed state to ad-
ministratively down
L3-SW(config-if-range)#exit
L3-SW(config)#
```

配置交换机 L2-SW，将端口 Fa0/1 ~2 加入聚合端口 1，同时创建该聚合端口：

```
L2-SW(config)#interface range fastEthernet 0/1 ~2
L2-SW(config-if-range)#port-group 1
L2-SW(config-if-range)#exit
L2-SW(config)#
```

第三步：将聚合端口设置为 Trunk。

配置交换机 L3-SW：

```
L3-SW(config)#interface aggregateport 1
L3-SW(config-if)#switchport mode trunk
```

```
L3-SW(config-if)#exit
L3-SW(config)#
```

配置交换机 L2-SW：

```
L2-SW(config)#interface aggregatePort 1
L2-SW(config-if)#switchport mode trunk
L2-SW(config-if)#exit
L2-SW(config)#
```

第四步：设置聚合端口的负载平衡方式。

配置交换机 L3-SW，查看交换机支持的负载平衡方式：

```
L3-SW(config)#aggregateport load-balance ?
  dst-ip          Destination IP address
  dst-mac         Destination MAC address
  ip              Source and destination IP address
  src-dst-mac     Source and destination MAC address
  src-ip          Source IP address
  src-mac         Source MAC address
```

设置负载平衡方式为依据目的地址进行，默认是依据源和目的地址：

```
L3-SW(config)#aggregateport load-balance dst-mac
L3-SW(config)#exit
```

配置交换机 L2-SW，查看交换机支持的负载平衡方式：

```
L2-SW(config)#aggregatePort load-balance ?
  dst-mac        Destination MAC address
  ip             Source and destination IP address
  src-mac        Source MAC address
```

设置负载平衡方式为依据目的地址进行，默认是依据源地址：

```
L2-SW(config)#aggregatePort load-balance dst-mac
L2-SW(config)#exit
```

第五步：查看聚合端口的配置。

```
L3-SW#show aggregatePort load-balance
Load-balance:Destination MAC
L3-SW#
L3-SW#show aggregatePort summary
AggregatePort MaxPorts SwitchPort Mode   Ports
```

```
------------- -------- ---------- ------ ----------------------------------
Ag1          8         Enabled     TRUNK   Fa0/1    ,Fa0/2
L3-SW#
L3-SW#show interfaces aggregateport 1
Index(dec):29(hex):1d
AggregatePort 1 is UP   ,line protocol is UP
Hardware is Aggregate Link AggregatePort
Interface address is:no ip address
  MTU 1500 bytes,BW 1000000 Kbit
  Encapsulation protocol is Bridge,loopback not set
  Keepalive interval is 10 sec ,set
  Carrier delay is 2 sec
  RXload is 1 ,Txload is 1
  Queueing strategy:WFQ
  Switchport attributes:
    interface's description:""
    medium-type is copper
    lastchange time:337 Day:1 Hour:3 Minute:56 Second
    Priority is 0
    admin duplex mode is AUTO,oper duplex is Full
    admin speed is AUTO,oper speed is 100M
    flow control admin status is AUTO,flow control oper status is OFF
    broadcast Strom Control is OFF,multicast Strom Control is OFF,unicast Strom Control is OFF
Aggregate Port Informations:
        Aggregate Number:1
        Name:"AggregatePort 1"
        Refs:2
        Members:(count=2)
        FastEthernet 0/1 Link Status:Up
        FastEthernet 0/2 Link Status:Up
L2-SW#show aggregatePort load-balance
Load-balance:Destination MAC address
L2-SW#show aggregatePort summary
AggregatePort MaxPorts SwitchPort Mode   Ports
------------- -------- ---------- ------ ----------------------
Ag1          8         Enabled     Trunk   Fa0/1 ,Fa0/2
L2-SW#show interfaces aggregatePort 1
Interface:AggregatePort 1
```

```
Description:
AdminStatus:up
OperStatus:up
Hardware:-
Mtu:1500
LastChange:0d:0h:0m:0s
AdminDuplex:Auto
OperDuplex:Full
AdminSpeed:Auto
OperSpeed:100
FlowControlAdminStatus:Off
FlowControlOperStatus:Off
Priority:0
Broadcast blocked:DISABLE
Unknown multicast blocked:DISABLE
Unknown unicast blocked:DISABLE
```

第六步：验证配置。

在三层交换机 L3-SW 上配置另一个用于测试的 VLAN 10，配置 IP 地址为 192.168.10.1/24，然后在二层交换机 L2-SW 上配置默认网关（其作用相当于主机的网关，交换机可将发往其他网段的数据包提交给网关处理），这样 L2-SW 可以 Ping 通 192.168.1.1/24 和 192.168.10.1/24，说明聚合端口的 Trunk 配置已经生效。

```
L3-SW(config)#vlan 10
L3-SW(config-vlan)#exit
L3-SW(config)#
L3-SW(config)#interface vlan 10
L3-SW(config-if)#iDec 3 01:16:02 L3-SW %7:%LINE PROTOCOL CHANGE:Interface VLAN 10,changed state to UP
L3-SW(config-if)#ip address 192.168.10.1 255.255.255.0
L3-SW(config-if)#no shutdown
L3-SW(config-if)#exit
```

设置二层交换机的默认网关：

```
L2-SW(config)#ip default-gateway 192.168.1.1
L2-SW(config)#exit
L2-SW#
L2-SW#ping 192.168.1.1
Sending 5,100-byte ICMP Echos to 192.168.1.1,
```

timeout is 2000 milliseconds.

!!!!!

Success rate is 100 percent(5/5)

Minimum = 1ms Maximum = 1ms, Average = 1ms

L2-SW#ping 192. 168. 10. 1

Sending 5, 100-byte ICMP Echos to 192. 168. 10. 1,

timeout is 2000 milliseconds.

!!!!!

Success rate is 100 percent(5/5)

Minimum = 1ms Maximum = 1ms, Average = 1ms

在三层交换机 L3-SW 上长时间的 Ping 二层交换机 L2-SW，然后断开聚合端口中的 Fa0/2 端口：

L3-SW#ping 192. 168. 1. 2 ntimes 1000

Sending 1000, 100-byte ICMP Echoes to 192. 168. 1. 2, timeout is 2 seconds:

〈press Ctrl + C to break〉

!!!
!!!
!!!
!!!
!!!
!!!
!!!
!!!
!!!
!!!
!!!
!!!

Success rate is 100 percent(1000/1000), round-trip min/avg/max = 1/1/10 ms

可以看到在断开聚合端口中的 Fa0/2 端口时是没有丢包的。再次实验，此次断开 Fa0/1 端口：

L3-SW#ping 192. 168. 1. 2 ntimes 1000

Sending 1000, 100-byte ICMP Echoes to 192. 168. 1. 2, timeout is 2 seconds:

〈press Ctrl + C to break〉

!!!
!!!
!!!
!!!

```
!!!!!!!!!!!!!!!!!!!!!!!!!!!!!!!!!!!!!!!!!!!!!!!!!!!!!!!!!!!!!!!!!!!!!!!!!!!!!!!!!!!!!!!!!!!!!!!!!!!!
!!!!!!!!!!!!!!!!!!!!!!!!!!!!!!!!!!!!!!!!!!!!!!!!!!!!!!!!!!!!!!!!!!!!!!!!!!!!!!!!!!!!!!!!!!!!!!!!!!!!
!!!!!!!!!!!!!!!!!!!!!!!!!!!!!!!!!!!!!!!!!!!!!!!!!!!!!!!!!!!!!!!!!!!!!!!!!!!!!!!!!!!!!!!!!!!!!!!!!!!!
!!!!!!!!!!!!!!!!!!!!!.!!!!!!!!!!!!!!!!!!!!!!!!!!!!!!!!!!!!!!!!!!!!!!!!!!!!!!!!!!!!!!!!!!!!!!!!!!!!!
!!!!!!!!!!!!!!!!!!!!!!!!!!!!!!!!!!!!!!!!!!!!!!!!!!!!!!!!!!!!!!!!!!!!!!!!!!!!!!!!!!!!!!!!!!!!!!!!!!!!
!!!!!!!!!!!!!!!!!!!!!!!!!!!!!!!!!!!!!!!!!!!!!!!!!!!!!!!!!!!!!!!!!!!!!!!!!!!!!!!!!!!!!!!!!!!!!!!!!!!!
!!!!!!!!!!!!!!!!!!!!!!!!!!!!!!!!!!!!!!!!!!!!!!!!!!!!!!!
Success rate is 99 percent(999/1000),round-trip min/avg/max = 1/1/10 ms
```

发现此时有一个丢包。这说明在实验中设置的负载均衡方式下，同一对源和目的地址之间的流量只从一个物理端口进行转发，这个端口断开时会将流量切换到另一个端口上，引起了链路短暂的中断。

七、注意事项

（1）只有同类型端口才能聚合为一个 AG 端口。

（2）所有物理端口必须属于同一个 VLAN。

（3）在锐捷交换机上最多支持 8 个物理端口聚合为一个 AG。

（4）在锐捷交换机上最多支持 6 组聚合端口。

实验十九　快速生成树配置

一、实验目的

理解快速生成树协议 RSTP 的工作原理，掌握如何在交换机上配置快速生成树。

二、实验要求

两台交换机以双链路互联，需要在启用 RSTP 避免环路的同时，提供链路的冗余备份功能。

三、实验原理

生成树协议（spanning-tree）的作用是在交换网络中提供冗余备份链路，并且解决交换网络中的环路问题。

生成树协议是利用 SPA 算法（生成树算法），在存在交换环路的网络中生成一个没有环路的树形网络。运用该算法将交换网络冗余的备份链路逻辑上断开，当主要链路出现故障时，能够自动切换到备份链路，保证数据的正常转发。

生成树协议目前常见的版本有 STP（生成树协议 IEEE 802.1d）、RSTP（快速生成树协议 IEEE 802.1w）、MSTP（多生成树协议 IEEE 802.1s）。

生成树协议的特点是收敛时间长。当主要链路出现故障以后，到切换到备份链路需要50s的时间。

快速生成树协议（RSTP）在生成树协议的基础上增加了两种端口角色：替换端口（alternate Port）和备份端口（backup Port），分别作为根端口（root Port）和指定端口（designated Port）的冗余端口。当根端口或指定端口出现故障时，冗余端口不需要经过50s的收敛时间，可以直接切换到替换端口或备份端口，从而实现RSTP协议小于1s的快速收敛。

四、实验拓扑

快速生成树实验拓扑图如图5-9所示。

按照拓扑图连接网络时注意：两台交换机都配置完RSTP后，再将两台交换机连接起来。如果先连线再配置可能会造成广播风暴，影响交换机的正常工作。

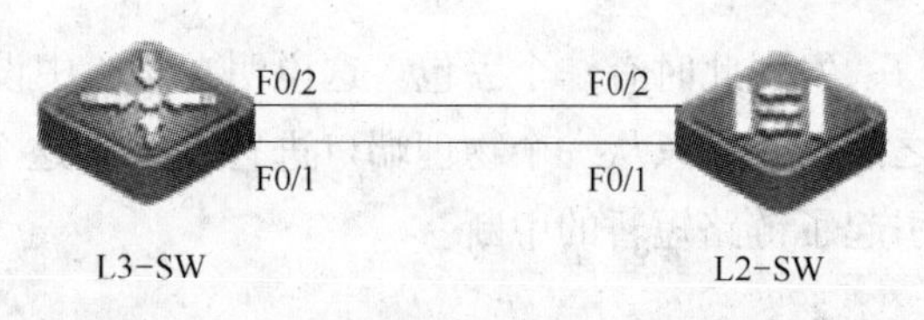

图5-9 快速生成树实验拓扑图

五、实验设备

三层交换机1台、二层交换机1台。

六、实验步骤

第一步：配置两台交换机的主机名、管理IP地址和Trunk。

```
Switch#configure terminal
Enter configuration commands,one per line.    End with CNTL/Z.
Switch(config)#hostname L2-SW
L2-SW(config)#interface vlan 1
L2-SW(config-if)#ip address 192. 168. 1. 2 255. 255. 255. 0
L2-SW(config-if)#no shutdown
L2-SW(config-if)#exit
L2-SW(config)#
L2-SW(config)#interface fastEthernet 0/1
L2-SW(config-if)#switchport mode trunk
L2-SW(config-if)#exit
L2-SW(config)#
L2-SW(config)#interface fastEthernet 0/2
L2-SW(config-if)#switchport mode trunk
L2-SW(config-if)#exit
L2-SW(config)#
S3750#configure terminal
Enter configuration commands,one per line.    End with CNTL/Z.
```

```
S3750(config)#hostname L3-SW
L3-SW(config)#interface vlan 1
L3-SW(config-if)#Dec  2 23:15:26 L3-SW %7:% LINE PROTOCOL CHANGE: Interface
VLAN 1,changed state to UP
L3-SW(config-if)#ip address 192.168.1.1 255.255.255.0
L3-SW(config-if)#no shutdown
L3-SW(config-if)#exit
L3-SW(config)#
L3-SW(config)#interface fastEthernet 0/1
L3-SW(config-if)#switchport mode trunk
L3-SW(config-if)#exit
L3-SW(config)#
L3-SW(config)#interface fastEthernet 0/2
L3-SW(config-if)#switchport mode trunk
L3-SW(config-if)#exit
```

第二步：在两台交换机上启用 RSTP。

启用生成树协议：

```
L2-SW(config)#spanning-tree
```

修改生成树协议的类型为 RSTP：

```
L2-SW(config)#spanning-tree mode rstp
L2-SW(config)#
```

启用生成树协议：

```
L3-SW(config)#spanning-tree
Enable spanning-tree.
```

修改生成树协议的类型为 RSTP：

```
L3-SW(config)#spanning-tree mode rstp
L3-SW(config)#
```

在使用默认参数启用了 RSTP 之后，可以使用 show spanning-tree 命令观察现在两台交换机上生成树的工作状态：

```
L3-SW#show spanning-tree
StpVersion:RSTP
SysStpStatus:ENABLED
MaxAge:20
HelloTime:2
```

```
ForwardDelay:15
BridgeMaxAge:20
BridgeHelloTime:2
BridgeForwardDelay:15
MaxHops:20
TxHoldCount:3
PathCostMethod:Long
BPDUGuard:Disabled
BPDUFilter:Disabled
BridgeAddr:00d0. f821. a542
Priority:32768
TimeSinceTopologyChange:0d:0h:0m:9s
TopologyChanges:2
DesignatedRoot:8000. 00d0. f821. a542
RootCost:0
RootPort:0
L2-SW#show spanning-tree
StpVersion:RSTP
SysStpStatus:Enabled
BaseNumPorts:24
MaxAge:20
HelloTime:2
ForwardDelay:15
BridgeMaxAge:20
BridgeHelloTime:2
BridgeForwardDelay:15
MaxHops:20
TxHoldCount:3
PathCostMethod:Long
BPDUGuard:Disabled
BPDUFilter:Disabled
BridgeAddr:00d0. f88b. ca34
Priority:32768
TimeSinceTopologyChange:0d:0h:3m:54s
TopologyChanges:0
DesignatedRoot:800000D0F821A542
RootCost:200000
RootPort:Fa0/1
```

可以看到两台交换机已经正常启用了RSTP协议，由于MAC地址较小，L3-SW被选举为根网桥，优先级是32768；L2-SW上的根端口是Fa0/1；两台交换机上计算路径成本的方法都是长整型。

为了在网络中新加入其他的交换机后，L3-SW还是保证能够选举为根网桥，需要提高L3-SW的网桥优先级。

第三步：指定三层交换机为根网桥，二层交换机的F0/2端口为根端口，指定两台交换机的端口路径成本计算方法为短整型。

查看网桥优先级的可配置范围，在0～61440之内，且必须是4096的倍数：

```
L3-SW(config)#spanning-tree priority ?
  <0-61440>    Bridge priority in increments of 4096
```

配置网桥优先级为4096：

```
L3-SW(config)#spanning-tree priority 4096
L3-SW(config)#
L3-SW(config)#interface fastEthernet 0/2
```

查看端口优先级的可配置范围，在0～240之内，且必须是16的倍数：

```
L3-SW(config-if)#spanning-tree port-priority ?
  <0-240>    Port priority in increments of 16
```

修改F0/2端口的优先级为96：

```
L3-SW(config-if)#spanning-tree port-priority 96
L3-SW(config-if)#exit
```

修改计算路径成本的方法为短整型：

```
L3-SW(config)#spanning-tree pathcost method short
L3-SW(config)#exit
```

修改计算路径成本的方法为短整型：

```
L2-SW(config)#spanning-tree pathcost method short
L2-SW(config)#exit
```

第四步：查看生成树的配置。

```
L3-SW#show spanning-tree
StpVersion:RSTP
SysStpStatus:ENABLED
MaxAge:20
HelloTime:2
ForwardDelay:15
```

```
BridgeMaxAge:20
BridgeHelloTime:2
BridgeForwardDelay:15
MaxHops:20
TxHoldCount:3
PathCostMethod:Short
BPDUGuard:Disabled
BPDUFilter:Disabled
BridgeAddr:00d0.f821.a542
Priority:4096
TimeSinceTopologyChange:0d:0h:0m:34s
TopologyChanges:7
DesignatedRoot:1000.00d0.f821.a542
RootCost:0
RootPort:0
L3-SW#
L3-SW#show spanning-tree interface fastEthernet 0/1
PortAdminPortFast:Disabled
PortOperPortFast:Disabled
PortAdminLinkType:auto
PortOperLinkType:point-to-point
PortBPDUGuard:disable
PortBPDUFilter:disable
PortState:forwarding
PortPriority:128
PortDesignatedRoot:1000.00d0.f821.a542
PortDesignatedCost:0
PortDesignatedBridge:1000.00d0.f821.a542
PortDesignatedPort:8001
PortForwardTransitions:2
PortAdminPathCost:19
PortOperPathCost:19
PortRole:designatedPort
L3-SW#
L3-SW#show spanning-tree interface fastEthernet 0/2
PortAdminPortFast:Disabled
PortOperPortFast:Disabled
PortAdminLinkType:auto
```

```
PortOperLinkType:point-to-point
PortBPDUGuard:disable
PortBPDUFilter:disable
PortState:forwarding
PortPriority:96
PortDesignatedRoot:1000. 00d0. f821. a542
PortDesignatedCost:0
PortDesignatedBridge:1000. 00d0. f821. a542
PortDesignatedPort:6002
PortForwardTransitions:4
PortAdminPathCost:19
PortOperPathCost:19
PortRole:designatedPort
L3-SW#
```

可以观察到L3-SW中，网桥优先级已经被修改为4096，Fa0/2端口的优先级也被修改成96，在短整型的计算路径成本的方法中，两个端口的路径成本都是19，现在都处于转发状态。

```
L2-SW#show spanning-tree
StpVersion:RSTP
SysStpStatus:Enabled
BaseNumPorts:24
MaxAge:20
HelloTime:2
ForwardDelay:15
BridgeMaxAge:20
BridgeHelloTime:2
BridgeForwardDelay:15
MaxHops:20
TxHoldCount:3
PathCostMethod:Short
BPDUGuard:Disabled
BPDUFilter:Disabled
BridgeAddr:00d0. f88b. ca34
Priority:32768
TimeSinceTopologyChange:0d:0h:1m:38s
TopologyChanges:0
DesignatedRoot:100000D0F821A542
```

```
RootCost:19
RootPort:Fa0/2
L2-SW#
L2-SW#show spanning-tree interface fastEthernet 0/1
PortAdminPortfast:Disabled
PortOperPortfast:Disabled
PortAdminLinkType:auto
PortOperLinkType:point-to-point
PortBPDUGuard:Disabled
PortBPDUFilter:Disabled
PortState:discarding
PortPriority:128
PortDesignatedRoot:100000D0F821A542
PortDesignatedCost:0
PortDesignatedBridge:100000D0F821A542
PortDesignatedPort:8001
PortForwardTransitions:5
PortAdminPathCost:0
PortOperPathCost:19
PortRole:alternatePort
L2-SW#
L2-SW#show spanning-tree interface fastEthernet 0/2
PortAdminPortfast:Disabled
PortOperPortfast:Disabled
PortAdminLinkType:auto
PortOperLinkType:point-to-point
PortBPDUGuard:Disabled
PortBPDUFilter:Disabled
PortState:forwarding
PortPriority:128
PortDesignatedRoot:100000D0F821A542
PortDesignatedCost:0
PortDesignatedBridge:100000D0F821A542
PortDesignatedPort:6002
PortForwardTransitions:3
PortAdminPathCost:0
PortOperPathCost:19
PortRole:rootPort
```

L2-SW#

在 L2-SW 中，网桥优先级还是默认的 32768，端口优先级也是默认的 128，路径成本是 19，端口 Fa0/2 被选举为根端口，处于转发状态，而 Fa0/1 则是替换端口，处于丢弃状态。

第五步：验证配置。

在三层交换机 L3-SW 上长时间的 ping 二层交换机 L2-SW，其间断开 L2-SW 上的转发端口 Fa0/2，这时观察替换端口能够在多长时间内成为转发端口：

```
L3-SW#ping 192.168.1.2 ntimes 1000
```

使用 Ping 命令的 ntimes 参数指定 Ping 的次数

```
Sending 1000,100-byte ICMP Echoes to 192.168.1.2,timeout is 2 seconds:
  〈press Ctrl + C to break〉
!!!!!!!!!!!!!!!!!!!!!!!!!!!!!!!!!!!!!!!!!!!!!!!!!!!!!!!!!!!!!!!!!!!!!!!!!!!!!!!!!!!!!!!!!!!!!!!!!!!!
!!!!!!!!!!!!!!!!!!!!!!!!!!!!!!!!!!!!!!!!!!!!!!!!!!!!!!!!!!!!!!!!!!!!!!!!!!!!!!!!!!!!!!!!!!!!!!!!!!!!
!!!!!!!!!!!!!!!!!!!!!!!!!!!!!!!!!!!!!!!!!!!!!!!!!!!!!!!!!!!!!!!!!!!!!!!!!!!!!!!!!!!!!!!!!!!!!!!!!!!!
!!!!!!!!!!!!!!!!!!!!!!!!!!!!!!!!!!!!!!!!!!!!!!!!!!!!!!!!!!!!!!!!!!!!!!!!!!!!!!!!!!!!!!!!!!!!!!!!!!!!
!!!!!!!!!!!!!!!!!!!!!!!!!!!!!!!!!!!!!!!!!!!!!!!!!!!!!!!!!!!!!!!!!!!!!!!!!!!!!!!!!!!!!!!!!!!!!!!!!!!!
!!!!!!!!!!!!!!!!!!!!!!!!!!!!!!!!!!!!!!!!!!!!!!!!!!!!!!!!!!!!!!!!!!!!!!!!!!!!!!!!!!!!!!!!!!!! Dec 2
23:30:56 L3-SW %7:2008-12-2 23:30:56 topochange:topology is changed. %LINK CHANGED:
Interface FastEthernet 0/2,changed state to down
Dec  2 23:30:57 L3-SW %7:%LINE PROTOCOL CHANGE:Interface FastEthernet 0/2,
changed state to DOWN
Dec  2 23:30:57 L3-SW %7:2008-12-2 23:30:57 topochange:topology is changed. !!!!!!!!!!!
!!!!!!!!!!!!!!!!!!!!!!!!!!!!!!!!!!!!!!!!!!!!!!!!!!!!!!!!!!!!!!!!!!!!!!!!!!!!!!!!!!!!!!!!!!!!!!!!!!!!
!!!!!!!!!!!!!!!!!!!!!!!!!!!!!!!!!!!!!!!!!!!!!!!!!!!!!!!!!!!!!!!!!!!!!!!!!!!!!!!!!!!!!!!!!!!!!!!!!!!!
!!!!!!!!!!!!!!!!!!!!!!!!!!!!!!!!!!!!!!!!!!!!!!!!!!!!!!!!!!!!!!!!!!!!!!!!!!!!!!!!!!!!!!!!!!!!!!!!!!!!
!!!!!!!!!!!!!!!!!!!!!!!!!!!!!!!!!!!!!!!!!!!!!!!!!!!!!!!!!!!!!!!!!!!!!!!!!!!!!!!!!!!!!!!!!!!!!!!!!!!!
!!!!!!!!!!!!!!!!!!!!!!!!!!!!!!!!!!!!!!!!!!!!!
Success rate is 99 percent(998/1000),round-trip min/avg/max = 1/1/10 ms
L3-SW#
```

从中可以看出，替换端口变成转发端口的过程中，丢失了 2 个 Ping 包，中断时间小于 20ms。

七、注意事项

（1）锐捷交换机缺省是关闭 spanning-tree 的，如果网络在物理上存在环路，则必须手工开启 spanning-tree。

（2）锐捷全系列的交换机默认为 MSTP 协议，在配置时注意生成树协议的版本。

第六章　网络路由配置

实验二十　静态路由配置

一、实验目的

（1）理解静态路由的工作原理。

（2）掌握如何配置静态路由。

二、实验要求

（1）假设校园网分为2个区域，每个区域内使用一台路由器连接2个子网，现要在路由器上做适当配置，实现校园网内各个区域子网之间的相互通信。

（2）两台路由器通过串口以V.35 DCE/DTE电缆连接在一起，每个路由器上设置2个Loopback端口模拟子网，设置静态路由，实现所有子网间的互通。

（3）静态路由配置实验网络拓扑图如图6-1所示。

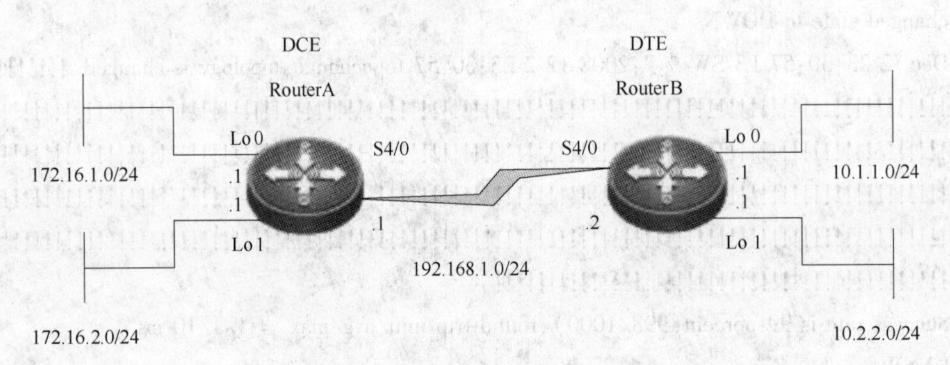

图6-1　静态路由配置实验网络拓扑图

三、实验设备

路由器（带串口）2台、V.35 DCE/DTE电缆1对。

四、实验原理

路由器属于网络层设备，能够根据IP包头的信息选择一条最佳路径，将数据包转发出去，实现不同网段的主机之间的互相访问。

路由器是根据路由表进行选路和转发的。而路由表里就是由一条条的路由信息组成。路由表的产生方式一般有3种：

（1）直连路由。给路由器接口配置一个IP地址，路由器自动产生本接口IP所在网段的路由信息。

（2）静态路由。在拓扑结构简单的网络中，网管员通过手工的方式配置本路由器未知网段的路由信息，从而实现不同网段之间的连接。

（3）动态路由协议学习产生的路由。在大规模的网络中或网络拓扑相对复杂的情况下，通过在路由器上运行动态路由协议，路由器之间互相自动学习产生路由信息。

五、实验步骤

第一步：配置路由器的名称、接口IP地址和时钟。

```
R3740#configure terminal
Enter configuration commands,one per line. End with CNTL/Z.
R3740(config)#hostname RouterA
！配置路由器的名称
RouterA(config)#
RouterA(config)#interface serial 4/0
！进入端口 S4/0 的接口配置模式
RouterA(config-if)#clock rate 512000
！设置串口的时钟
RouterA(config-if)#ip address 192.168.1.1 255.255.255.0
！设置端口的 IP 地址
RouterA(config-if)#no shutdown
！开启端口
RouterA(config-if)#exit
RouterA(config)#
RouterA(config)#interface loopback 0
！设置 Loopback 端口用于测试
RouterA(config-if)#Sep 15 01:05:02 RouterA %7:%LINE PROTOCOL CHANGE:Interface
Loopback 0,changed state to UP
RouterA(config-if)#ip address 172.16.1.1 255.255.255.0
RouterA(config-if)#exit
RouterA(config)#
RouterA(config)#interface loopback 1
RouterA(config-if)#Sep 15 01:05:31 RouterA %7:%LINE PROTOCOL CHANGE:
Interface Loopback 1,changed state to UP
```

```
RouterA(config-if)#ip address 172.16.2.1 255.255.255.0
RouterA(config-if)#exit

R3740#configure terminal
Enter configuration commands,one per line. End with CNTL/Z.
R3740(config)#hostname RouterB
RouterB(config)#
RouterB(config)#interface serial 4/0
RouterB(config-if)#ip address 192.168.1.2 255.255.255.0
RouterB(config-if)#no shutdown
RouterB(config-if)#exit
RouterB(config)#
RouterB(config)#interface loopback 0
RouterB(config-if)#Aug 22 03:03:36 RouterB %7:% LINE PROTOCOL CHANGE:Interface
Loopback 0,changed state to UP
RouterB(config-if)#ip address 10.1.1.1 255.255.255.0
RouterB(config-if)#exit
RouterB(config)#
RouterB(config)#interface loopback 1
RouterB(config-if)#Aug 22 03:04:03 RouterB %7:% LINE PROTOCOL CHANGE:
Interface Loopback 1,changed state to UP
RouterB(config-if)#ip address 10.2.2.1 255.255.255.0
RouterB(config-if)#exit
```

第二步：配置静态路由。

```
RouterA(config)#ip route 10.1.1.0 255.255.255.0 192.168.1.2
！设置到子网 10.1.1.0 的静态路由,采用下一跳的方式
RouterA(config)#ip route 10.2.2.0 255.255.255.0 s4/0
！设置到子网 10.2.2.0 的静态路由,采用出站端口的方式
RouterB(config)#ip route 172.16.1.0 255.255.255.0 192.168.1.1
RouterB(config)#ip route 172.16.2.0 255.255.255.0 s4/0
```

第三步：查看路由表和接口配置。

```
RouterA#show ip route
Codes:C -connected,S-static,R-RIP B-BGP O-OSPF,IA-OSPF inter area
        N1-OSPF NSSA external type 1,N2-OSPF NSSA external type 2
        E1-OSPF external type 1,E2-OSPF external type 2
        i-IS-IS,L1-IS-IS level-1,L2-IS-IS level-2,ia-IS-IS inter area
```

```
      * -candidate default

Gateway of last resort is no set
S 10. 1. 1. 0/24 [1/0] via 192. 168. 1. 2
S 10. 2. 2. 0/24 is directly connected,serial 4/0
C 172. 16. 1. 0/24 is directly connected,Loopback 0
C 172. 16. 1. 1/32 is local host.
C 172. 16. 2. 0/24 is directly connected,Loopback 1
C 172. 16. 2. 1/32 is local host.
C 192. 168. 1. 0/24 is directly connected,serial 4/0
C 192. 168. 1. 1/32 is local host.
```

！可以看到以下一跳方式配置的静态路由和以出站端口方式配置的静态路由，在路由表中的显示方式是不一样的

```
RouterA#show interfaces serial 4/0
Index(dec):1(hex):1
serial 4/0 is UP ,line protocol is UP
Hardware is Infineon DSCC4 PEB20534 H-10 serial
Interface address is:192. 168. 1. 1/24
  MTU 1500 bytes,BW 2000 Kbit
  Encapsulation protocol is HDLC,loopback not set
  Keepalive interval is 10 sec ,set
  Carrier delay is 2 sec
  RXload is 1 ,Txload is 1
  Queueing strategy:WFQ
    11421118 carrier transitions
    V35 DCE cable
    DCD = up DSR = up DTR = up RTS = up CTS = up
  5 minutes input rate 19 bits/sec,0 packets/sec
  5 minutes output rate 19 bits/sec,0 packets/sec
    95 packets input,4134 bytes,0 no buffer,1 dropped
    Received 69 broadcasts,0 runts,0 giants
    0 input errors,0 CRC,0 frame,0 overrun,0 abort
    94 packets output,4118 bytes,0 underruns ,0 dropped
    0 output errors,0 collisions,0 interface resets

RouterB#show ip route
Codes:C -connected,S-static,R-RIP B-BGP O-OSPF,IA-OSPF inter area
      N1-OSPF NSSA external type 1,N2-OSPF NSSA external type 2
```

```
        E1-OSPF external type 1,E2-OSPF external type 2
        i-IS-IS,L1-IS-IS level-1,L2-IS-IS level-2,ia-IS-IS inter area
        * -candidate default

  Gateway of last resort is no set
C 10. 1. 1. 0/24 is directly connected,Loopback 0
C 10. 1. 1. 1/32 is local host.
C 10. 2. 2. 0/24 is directly connected,Loopback 1
C 10. 2. 2. 1/32 is local host.
S 172. 16. 1. 0/24 [1/0] via 192. 168. 1. 1
S 172. 16. 2. 0/24 is directly connected,serial 4/0
C 192. 168. 1. 0/24 is directly connected,serial 4/0
C 192. 168. 1. 2/32 is local host.

RouterB#show interfaces serial 4/0
Index(dec):1(hex):1
serial 4/0 is UP ,line protocol is UP
Hardware is Infineon DSCC4 PEB20534 H-10 serial
Interface address is:192. 168. 1. 2/24
   MTU 1500 bytes,BW 2000 Kbit

   Encapsulation protocol is HDLC,loopback not set
   Keepalive interval is 10 sec ,set
   Carrier delay is 2 sec
   RXload is 1 ,Txload is 1
   Queueing strategy:WFQ
      11421118 carrier transitions
      V35 DTE cable
      DCD = up DSR = up DTR = up RTS = up CTS = up
   5 minutes input rate 74 bits/sec,0 packets/sec
   5 minutes output rate 74 bits/sec,0 packets/sec
      86 packets input,3942 bytes,0 no buffer,0 dropped
      Received 61 broadcasts,0 runts,0 giants
      0 input errors,0 CRC,0 frame,0 overrun,0 abort
      87 packets output,3964 bytes,0 underruns ,0 dropped
      0 output errors,0 collisions,1 interface resets
```

第四步：测试网络连通性。

```
RouterA#ping 10.1.1.1
Sending 5,100-byte ICMP Echoes to 10.1.1.1,timeout is 2 seconds:
〈press Ctrl + C to break〉
!!!!!
Success rate is 100 percent(5/5),round-trip min/avg/max = 1/4/10 ms

RouterA#ping 10.2.2.1
Sending 5,100-byte ICMP Echoes to 10.2.2.1,timeout is 2 seconds:
〈press Ctrl + C to break〉
!!!!!
Success rate is 100 percent(5/5),round-trip min/avg/max = 1/4/10 ms

RouterB#ping 172.16.1.1
Sending 5,100-byte ICMP Echoes to 172.16.1.1,timeout is 2 seconds:
    〈press Ctrl + C to break〉
!!!!!
Success rate is 100 percent(5/5),round-trip min/avg/max = 1/4/10 ms

RouterB#ping 172.16.2.1
Sending 5,100-byte ICMP Echoes to 172.16.2.1,timeout is 2 seconds:
〈press Ctrl + C to break〉
!!!!!
Success rate is 100 percent(5/5),round-trip min/avg/max = 1/4/10 ms
```

六、注意事项

（1）如果两台路由器通过串口直接互连，则必须在其中一端设置时钟频率（DCE）。

（2）静态路由必须双向都配置才能互通，配置时注意回程路由。

实验二十一　RIP 路由协议基本配置

一、实验目的

掌握如何在路由器上配置 RIP 路由协议。

二、实验要求

（1）假设校园网在地理上分为 2 个区域，每个区域内分别有一台路由器连接了 2 个子网，需要将两台路由器通过以太网链路连接在一起并进行适当的配置，以实现这 4 个子网之间的互联互通。为了在未来每个校园区域扩充子网数量的时候，管理员不需要同时更改路由器的配置，计划使用 RIP 路由协议实现子网之间的互通。

（2）两台路由器通过快速以太网端口连接在一起，每个路由器上设置 2 个 Loopback 端口模拟子网，在所有端口运行 RIP 路由协议，实现所有子网间的互通。

（3）配置 RIP 路由协议实验网络拓扑图如图 6-2 所示。

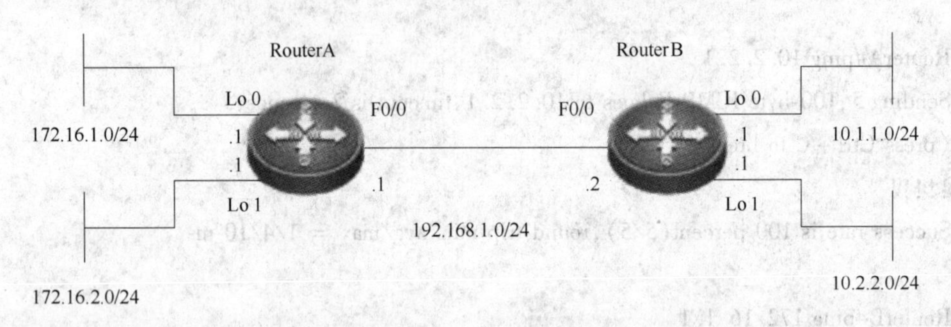

图 6-2 配置 RIP 路由协议实验网络拓扑图

三、实验设备

路由器 2 台。

四、实验原理

RIP（routing information protocols，路由信息协议）是应用较早、使用较普遍的 IGP（interior gateway protocol，内部网关协议），适用于小型同类网络，是典型的距离矢量（distance-vector）协议。

RIP 协议以跳数作为衡量路径开销的，RIP 协议里规定最大跳数为 15。

RIP 在构造路由表时会使用到 3 种计时器：更新计时器、无效计时器、刷新计时器。它让每台路由器周期性地向每个相邻的邻居发送完整的路由表。路由表包括每个网络或子网的信息，以及与之相关的度量值。

五、实验步骤

第一步：配置两台路由器的主机名、接口 IP 地址。

```
RSR20#configure terminal
Enter configuration commands,one per line. End with CNTL/Z.
RSR20(config)#hostname RouterA
RouterA(config)#
RouterA(config)#interface fastEthernet 0/0
RouterA(config-if)#ip address 192. 168. 1. 1 255. 255. 255. 0
RouterA(config-if)#no shutdown
```

```
RouterA(config-if)#exit
RouterA(config)#
RouterA(config)#interface loopback 0
RouterA(config-if)#Aug 15 23:46:32 RouterA %7:% LINE PROTOCOL CHANGE: Interface
Loopback 0,changed state to UP
RouterA(config-if)#ip address 172.16.1.1 255.255.255.0
RouterA(config-if)#exit
RouterA(config)#
RouterA(config)#interface loopback 1
RouterA(config-if)#Aug 15 23:47:00 RouterA %7:% LINE PROTOCOL CHANGE: Interface
Loopback 1,changed state to UP
RouterA(config-if)#ip address 172.16.2.1 255.255.255.0
RouterA(config-if)#exit

RSR20#configure terminal
Enter configuration commands,one per line. End with CNTL/Z.
RSR20(config)#hostname RouterB
RouterB(config)#
RouterB(config)#interface fastEthernet 0/0
RouterB(config-if)#ip address 192.168.1.2 255.255.255.0
RouterB(config-if)#no shutdown
RouterB(config-if)#exit
RouterB(config)#
RouterB(config)#interface loopback 0
RouterB(config-if)#Aug 8 21:00:00 RouterB %7:% LINE PROTOCOL CHANGE: Interface
Loopback 0,changed state to UP
RouterB(config-if)#ip address 10.1.1.1 255.255.255.0
RouterB(config-if)#exit
RouterB(config)#
RouterB(config)#interface loopback 1
RouterB(config-if)#Aug 8 21:00:28 RouterB %7:% LINE PROTOCOL CHANGE: Interface
Loopback 1,changed state to UP
RouterB(config-if)#ip address 10.2.2.1 255.255.255.0
RouterB(config-if)#exit
```

第二步：在两台路由器上配置 RIP 路由协议。

```
RouterA(config)#router rip
RouterA(config-router)#network 192.168.1.0
```

RouterA(config-router)#network 172.16.1.0
RouterA(config-router)#exit

RouterB(config)#router rip
RouterB(config-router)#network 192.168.1.0
RouterB(config-router)#network 10.0.0.0
RouterB(config-router)#exit

第三步：查看 RIP 配置信息、路由表。

```
RouterA#show ip route
Codes:C -connected,S-static,R-RIP B-BGP O-OSPF,IA-OSPF inter area
        N1-OSPF NSSA external type 1,N2-OSPF NSSA external type 2
        E1-OSPF external type 1,E2-OSPF external type 2
        i-IS-IS,L1-IS-IS level-1,L2-IS-IS level-2,ia-IS-IS inter area
        *-candidate default

Gateway of last resort is no set
R 10.0.0.0/8 [120/1] via 192.168.1.2,00:00:17,FastEthernet 0/0
C 172.16.1.0/24 is directly connected,Loopback 0
C 172.16.1.1/32 is local host.
C 172.16.2.0/24 is directly connected,Loopback 1
C 172.16.2.1/32 is local host.
C 192.168.1.0/24 is directly connected,FastEthernet 0/0
C 192.168.1.1/32 is local host.
RouterA#
Routing Protocol is "rip"
  Sending updates every 30 seconds,next due in 21 seconds Invalid after 180 seconds, flushed after 120
  seconds Outgoing update filter list for all interface is:not set
  Incoming update filter list for all interface is:not set
  Default redistribution metric is 1
  Redistributing:
  Default version control:send version 1,receive any version
    Interface       Send Recv   Key-chain
    FastEthernet 0/0   1    1 2
    Loopback 0         1    1 2
    Loopback 1         1    1 2
  Routing for Networks:
    172.16.0.0
```

```
    192. 168. 1. 0
  Distance:(default is 120)
RouterA#

RouterB#show ip route
Codes:C -connected,S-static,R-RIP B-BGP O-OSPF,IA-OSPF inter area
        N1-OSPF NSSA external type 1,N2-OSPF NSSA external type 2
        E1-OSPF external type 1,E2-OSPF external type 2
        i-IS-IS,L1-IS-IS level-1,L2-IS-IS level-2,ia-IS-IS inter area
        * -candidate default

Gateway of last resort is no set
C 10. 1. 1. 0/24 is directly connected,Loopback 0
C 10. 1. 1. 1/32 is local host.
C 10. 2. 2. 0/24 is directly connected,Loopback 1
C 10. 2. 2. 1/32 is local host.
R 172. 16. 0. 0/16 [120/1] via 192. 168. 1. 1,00:00:12,FastEthernet 0/0
C 192. 168. 1. 0/24 is directly connected,FastEthernet 0/0
C 192. 168. 1. 2/32 is local host.

RouterA#show ip rip database
10. 0. 0. 0/8 auto-summary
10. 0. 0. 0/8
    [1] via 192. 168. 1. 2 FastEthernet 0/0   00:09
172. 16. 0. 0/16 auto-summary
172. 16. 1. 0/24
    [1] directly connected,Loopback 0
172. 16. 2. 0/24
    [1] directly connected,Loopback 1
192. 168. 1. 0/24 auto-summary
192. 168. 1. 0/24
    [1] directly connected,FastEthernet 0/0

RouterA#show ip rip interface
FastEthernet 0/0 is up,line protocol is up
  Routing Protocol:RIP
    Receive IPv1 and RIPv2 packets
    Send RIPv1 packets only
```

```
    Passive interface:Disabled
    Split horizon:Enabled
    V2 Broadcast:Disabled
    Multicast registe:Registed
    Interface Summary Rip:
      Not Configured
    IP interface address:
      192.168.1.1/24
FastEthernet 0/1 is down,line protocol is down
  RIP is not enabled on this interface
Null 0 is up,line protocol is up
  RIP is not enabled on this interface
Loopback 0 is up,line protocol is up
  Routing Protocol:RIP
    Receive RIPv1 and RIPv2 packets
    Send RIPv1 packets only
    Passive interface:Disabled
    Split horizon:Enabled
    V2 Broadcast:Disabled
    Multicast registe:Registed
    Interface Summary Rip:
      Not Configured
    IP interface address:
      172.16.1.1/24
Loopback 1 is up,line protocol is up
  Routing Protocol:RIP
    Receive RIPv1 and RIPv2 packets
    Send RIPv1 packets only
    Passive interface:Disabled
    Split horizon:Enabled
    V2 Broadcast:Disabled
    Multicast registe:Registed
    Interface Summary Rip:
      Not Configured
    IP interface address:
      172.16.2.1/24

  RouterB#show ip rip
```

```
Routing Protocol is "rip"
  Sending updates every 30 seconds,next due in 21 seconds Invalid after 180 seconds,flushed
  after 120 seconds
  Outgoing update filter list for all interface is:not set
  Incoming update filter list for all interface is:not set
  Default redistribution metric is 1
  Redistributing:
  Default version control:send version 1,receive any version
    Interface            Send    Recv    Key-chain
    FastEthernet 0/0      1       12
    Loopback 0            1       12
    Loopback 1            1       12
  Routing for Networks:
    10.0.0.0
    192.168.1.0
  Distance:(default is 120)

RouterB#show ip rip database
10.0.0.0/8 auto-summary
10.1.1.0/24
    [1] directly connected,Loopback 0
10.2.2.0/24
    [1] directly connected,Loopback 1
172.16.0.0/16 auto-summary
172.16.0.0/16
    [1] via 192.168.1.1 FastEthernet 0/0   00:08
192.168.1.0/24 auto-summary
192.168.1.0/24
    [1] directly connected,FastEthernet 0/0

RouterB#show ip rip interface
FastEthernet 0/0 is up,line protocol is up
  Routing Protocol:RIP
    Receive RIPv1 and RIPv2 packets
    Send RIPv1 packets only
    Passive interface:Disabled
    Split horizon:Enabled
    V2 Broadcast:Disabled
```

```
    Multicast registe:Registed
    Interface Summary Rip:
      Not Configured
    IP interface address:
      192.168.1.2/24
FastEthernet 0/1 is down,line protocol is down
  RIP is not enabled on this interface
Null 0 is up,line protocol is up
  RIP is not enabled on this interface
Loopback 0 is up,line protocol is up
  Routing Protocol:RIP
    Receive RIPv1 and RIPv2 packets
    Send RIPv1 packets only
    Passive interface:Disabled
    Split horizon:Enabled
    V2 Broadcast:Disabled
    Multicast registe:Registed
    Interface Summary Rip:
      Not Configured
    IP interface address:
      10.1.1.1/24
Loopback 1 is up,line protocol is up
  Routing Protocol:RIP
    Receive RIPv1 and RIPv2 packets
    Send RIPv1 packets only
    Passive interface:Disabled
    Split horizon:Enabled
    V2 Broadcast:Disabled
    Multicast registe:Registed
    Interface Summary Rip:
      Not Configured
    IP interface address:
      10.2.2.1/24
```

第四步：测试网络连通性。

```
RouterA#ping 10.1.1.1
Sending 5,100-byte ICMP Echoes to 10.1.1.1,timeout is 2 seconds:
〈press Ctrl+C to break〉
```

```
!!!!!
Success rate is 100 percent(5/5),round-trip min/avg/max = 1/1/1 ms
RouterA#ping 10.2.2.1
Sending 5,100-byte ICMP Echoes to 10.2.2.1,timeout is 2 seconds:
〈press Ctrl + C to break〉
!!!!!
Success rate is 100 percent(5/5),round-trip min/avg/max = 1/2/10 ms
RouterB#ping 172.16.1.1
Sending 5,100-byte ICMP Echoes to 172.16.1.1,timeout is 2 seconds:
〈press Ctrl + C to break〉
!!!!!
Success rate is 100 percent(5/5),round-trip min/avg/max = 1/1/1 ms
RouterB#ping 172.16.2.1
Sending 5,100-byte ICMP Echoes to 172.16.2.1,timeout is 2 seconds:
〈press Ctrl + C to break〉
!!!!!
Success rate is 100 percent(5/5),round-trip min/avg/max = 1/1/1 ms
```

第五步：用 debug 命令观察路由器接收和发生路由更新的情况。

下面是一个完整的 RIP 路由器接收更新和发送更新的过程，从中可以看到 RouterB 接收到了 RouterA 发送的更新，其中包含一条路由信息 172.16.0.0（可以看到水平分割原则的作用），然后刷新了路由表。

RouterB 本身发送的更新报文则在 Fa0/0、Lo0 和 Lo1 三个端口发出，采用广播的方式，广播地址分别为 192.168.1.255，10.1.1.255，10.2.2.255，使用 UDP 的 520 端口。在水平分割的原则下，每个端口发送的路由信息均不相同。

```
RouterB#debug ip rip
Aug 8 21:06:08 RouterB %7:[RIP] RIP recveived packet,sock =2125 src =192.168.1.1 len =
24
Aug 8 21:06:08 RouterB %7:[RIP] Cancel peer remove timer
Aug 8 21:06:08 RouterB %7:[RIP] Peer remove timer schedule...
Aug 8 21:06:08 RouterB %7:route-entry:family 2 ip 172.16.0.0 metric 1
Aug 8 21:06:08 RouterB %7:[RIP] Received version 1 response packet
Aug 8 21:06:08 RouterB %7:[RIP] Translate mask to 16
Aug 8 21:06:08 RouterB %7:[RIP] Old path is:nhop =192.168.1.1 routesrc =192.168.1.1
intf =1
Aug 8 21:06:08 RouterB %7:[RIP] New path is:nhop =192.168.1.1 routesrc =192.168.1.1
Aug 8 21:06:08 RouterB %7:[RIP] [172.16.0.0/16] RIP route refresh!
Aug 8 21:06:08 RouterB %7:[RIP] [172.16.0.0/16] RIP distance apply from
```

192. 168. 1. 1!

Aug 8 21:06:08 RouterB %7:[RIP][172. 16. 0. 0/16] ready to refresh kernel...

Aug 8 21:06:08 RouterB %7:[RIP] NSM refresh: IPv4 RIP Route 172. 16. 0. 0/16 distance = 120 metric = 1 nexthop_num = 1 distance = 120 nexhop = 192. 168. 1. 1 ifindex = 1

Aug 8 21:06:08 RouterB %7:[RIP][172. 16. 0. 0/16] cancel route timer

Aug 8 21:06:08 RouterB %7:[RIP][172. 16. 0. 0/16] route timer schedule... Aug 8 21:06:23 RouterB %7:[RIP] Output timer expired to send reponse

Aug 8 21:06:23 RouterB %7:[RIP] Prepare to send BROADCAST response...

Aug 8 21:06:23 RouterB %7:[RIP] Building update entries on FastEthernet 0/0

Aug 8 21:06:23 RouterB %7:network 10. 0. 0. 0 metric 1

Aug 8 21:06:23 RouterB %7:[RIP] Send packet to 192. 168. 1. 255 Port 520 on FastEthernet 0/0

Aug 8 21:06:23 RouterB %7:[RIP] Prepare to send BROADCAST response...

Aug 8 21:06:23 RouterB %7:[RIP] Building update entries on Loopback 0

Aug 8 21:06:23 RouterB %7:network 10. 2. 2. 0 metric 1

Aug 8 21:06:23 RouterB %7:network 172. 16. 0. 0 metric 2

Aug 8 21:06:23 RouterB %7:network 192. 168. 1. 0 metric 1

Aug 8 21:06:23 RouterB %7:[RIP] Send packet to 10. 1. 1. 255 Port 520 on Loopback 0

Aug 8 21:06:23 RouterB %7:[RIP] Prepare to send BROADCAST response...

Aug 8 21:06:23 RouterB %7:[RIP] Building update entries on Loopback 1

Aug 8 21:06:23 RouterB %7:network 10. 1. 1. 0 metric 1

Aug 8 21:06:23 RouterB %7:network 172. 16. 0. 0 metric 2

Aug 8 21:06:23 RouterB %7:network 192. 168. 1. 0 metric 1

Aug 8 21:06:23 RouterB %7:[RIP] Send packet to 10. 2. 2. 255 Port 520 on Loopback 1

Aug 8 21:06:23 RouterB %7:[RIP] Schedule response send timer

六、注意事项

（1）配置 RIP 的 Network 命令时只支持 A、B、C 的主网络号，如果写入子网则自动转为主网络号。

（2）No auto-summary 功能只有在 RIPv2 支持。

实验二十二　OSPF 基本配置

一、实验目的

掌握在路由器上配置 OSPF 单区域。

二、实验要求

（1）假设校园网通过一台三层交换机连到校园网出口路由器，路由器再和校园外的另一台路由器连接，现做适当配置，实现校园网内部主机与校园网外部主机的相互通信。

（2）本实验以两台路由器、一台三层交换机为例。S3750 上划分有 VLAN10 和 VLAN50，其中 VLAN10 用于连接 RA，VLAN50 用于连接校园网主机。

（3）需要在路由器和交换机上配置 OSPF 路由协议，使全网互通，从而实现信息的共享和传递。

（4）配置 OSPF 路由协议实验网络拓扑图如图 6-3 所示。

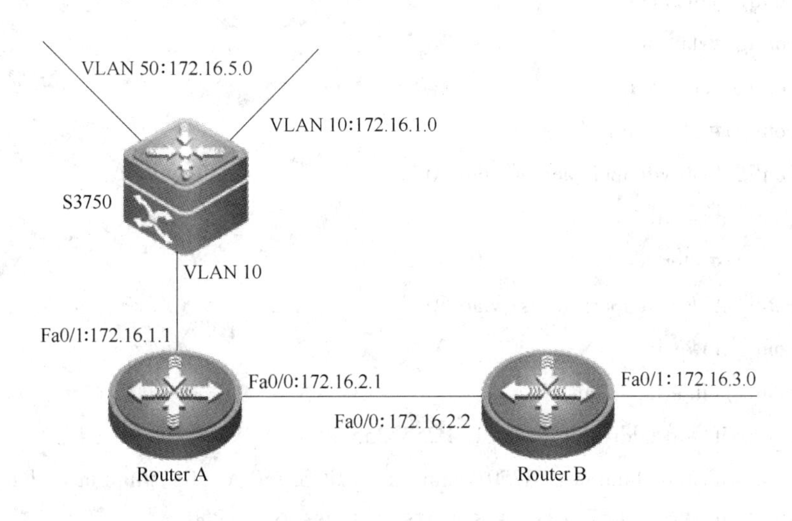

图 6-3 配置 OSPF 路由协议实验网络拓扑图

三、实验设备

三层交换机 1 台、路由器 2 台、交叉线或直连线 3 条。

四、实验原理

OSPF（open shortest path first，开放式最短路径优先）协议，是目前网络中应用最广泛的路由协议之一。属于内部网关路由协议，能够适应各种规模的网络环境，是典型的链路状态（link-state）协议。

OSPF 路由协议通过向全网扩散本设备的链路状态信息，使网络中每台设备最终同步一个具有全网链路状态的数据库（LSDB），然后路由器采用 SPF 算法，以自己为根，计算到达其他网络的最短路径，最终形成全网路由信息。

OSPF 属于无类路由协议，支持 VLSM（变长子网掩码）。OSPF 是以组播的形式进行链路状态的通告的。

在大模型的网络环境中，OSPF 支持区域的划分，将网络进行合理规划。划分区域时必须存在 area0（骨干区域），其他区域和骨干区域直接相连，或通过虚链路的方式连接。

五、实验步骤

第一步：在路由器和三层交换机配置 IP 地址。

```
switch#configure terminal
switch(config)#hostname S3750
S3750(config)#vlan 10
S3750(config-vlan)#exit
S3750(config)#vlan 50
S3750(config-vlan)#exit
S3750(config)#interface f0/1
S3750(config-if)#switchport access vlan 10
S3750(config-if)#exit
S3750(config)#interface f0/2
S3750(config-if)#switchport access vlan 50
S3750(config-if)#exit
S3750(config)#interface vlan 10
S3750(config-if)#ip address 172. 16. 1. 2 255. 255. 255. 0
S3750(config-if)#no shutdown S3750(config-if)#exit S3750(config)#interface vlan 50
S3750(config-if)#ip address 172. 16. 5. 1 255. 255. 255. 0
S3750(config-if)#no shutdown
S3750(config-if)#exit

RouterA(config)# interface fastethernet 0/1
RouterA(config-if)# ip address 172. 16. 1. 1 255. 255. 255. 0
RouterA(config-if)# no shutdown
RouterA(config-if)#exit
RouterA(config)# interface fastethernet 0/0
RouterA(config-if)# ip address 172. 16. 2. 1 255. 255. 255. 0
RouterB(config-if)# no shutdown
RouterB(config)# interface fastethernet 0/1
RouterB(config-if)# ip address 172. 16. 3. 1 255. 255. 255. 0
RouterB(config-if)# no shutdown
RouterB(config-if)#exit
RouterB(config)# interface fastethernet 0/0
RouterB(config-if)# ip address 172. 16. 2. 2 255. 255. 255. 0
```

RouterB(config-if)# no shutdown

第二步：配置 OSPF 路由协议。

```
S3750(config)#router ospf
S3750(config-router)#network 172.16.5.0 0.0.0.255 area 0
S3750(config-router)#network 172.16.1.0 0.0.0.255 area 0
S3750(config-router)#end

RouterA(config)# router ospf
RouterA(config-router)#network 172.16.1.0 0.0.0.255 area 0
RouterA(config-router)#network 172.16.2.0 0.0.0.255 area 0
RouterA(config-router)#end

RouterB(config)#router ospf
RouterB(config-router)#network 172.16.2.0 0.0.0.255 area 0
RouterB(config-router)#network 172.16.3.0 0.0.0.255 area 0
RouterB(config-router)#end
```

第三步：验证测试。

```
S3750#show vlan
VLAN Name                              Status      Ports
---- -------------------------------- --------- ----------------------------------
1    VLAN0001                          STATIC      Fa0/3,Fa0/4,Fa0/5,Fa0/6
                                                   Fa0/7,Fa0/8,Fa0/9,Fa0/10
                                                   Fa0/11,Fa0/12,Fa0/13,
                                                   Fa0/14 Fa0/15,Fa0/16,
                                                   Fa0/17,Fa0/18,Fa0/22
                                                   Fa0/19,Fa0/20,Fa0/21,
                                                   Fa0/23,Fa0/24,Gi0/25,
                                                   Gi0/26,Gi0/27,Gi0/28
10   VLAN0010                          STATIC      Fa0/1
50   VLAN0050                          STATIC      Fa0/2
S3750#show ip interface brief
 Interface                 IP-Address(Pri)     OK?    Status
 VLAN 10                   172.16.1.2/24       YES    UP
 VLAN 50                   172.16.5.1/24       YES    UP

RA#show ip interface brief
```

```
  Interface                    IP-Address(Pri)    OK?    Status
  FastEthernet 0/0             172.16.2.1/24      YES    UP
  FastEthernet 0/1             172.16.1.1/24      YES    UP

RB#show ip interface brief
  Interface                    IP-Address(Pri)    OK?    Status
  FastEthernet 0/0             172.16.2.2/24      YES    UP
  FastEthernet 0/1             172.16.1.3/24      YES    UP
Loopback 0                     no address         YES    DOWN

S3750#show ip route

Codes:C -connected,S-static,      R-RIP B-BGP
      O-OSPF,IA-OSPF inter area
      N1-OSPF NSSA external type 1,N2-OSPF NSSA external type 2
      E1-OSPF external type 1,E2-OSPF external type 2
      i-IS-IS,L1-IS-IS level-1,L2-IS-IS level-2,ia-IS-IS inter area
       * -candidate default

Gateway of last resort is no set
C 172.16.1.0/24 is directly connected,VLAN 10
C 172.16.1.2/32 is local host.
O 172.16.2.0/24 [110/2] via 172.16.1.1,00:14:09,VLAN 10
O 172.16.3.0/24 [110/3] via 172.16.1.1,00:04:39,VLAN 10
C 172.16.5.0/24 is directly connected,VLAN 50
C 172.16.5.1/32 is local host.

RA#show ip route

Codes:C -connected,S-static,R-RIP B-BGP O-OSPF,IA-OSPF inter area
      N1-OSPF NSSA external type 1,N2-OSPF NSSA external type 2
      E1-OSPF external type 1,E2-OSPF external type 2
      i-IS-IS,L1-IS-IS level-1,L2-IS-IS level-2,ia-IS-IS inter area
       * -candidate default

Gateway of last resort is no set
C 172.16.1.0/24 is directly connected,FastEthernet 0/1
C 172.16.1.1/32 is local host.
```

C 172. 16. 2. 0/24 is directly connected, FastEthernet 0/0

C 172. 16. 2. 1/32 is local host.

O 172. 16. 3. 0/24 [110/2] via 172. 16. 2. 2, 00:05:21, FastEthernet 0/0

O 172. 16. 5. 0/24 [110/2] via 172. 16. 1. 2, 00:14:51, FastEthernet 0/1

RB#show ip route

Codes: C -connected, S-static, R-RIP B-BGP O-OSPF, IA-OSPF inter area

N1-OSPF NSSA external type 1, N2-OSPF NSSA external type 2

E1-OSPF external type 1, E2-OSPF external type 2

i-IS-IS, L1-IS-IS level-1, L2-IS-IS level-2, ia-IS-IS inter area

* -candidate default

Gateway of last resort is no set

O 172. 16. 1. 0/24 [110/2] via 172. 16. 2. 1, 00:05:58, FastEthernet 0/0

C 172. 16. 2. 0/24 is directly connected, FastEthernet 0/0

C 172. 16. 2. 2/32 is local host.

C 172. 16. 3. 0/24 is directly connected, FastEthernet 0/1

C 172. 16. 3. 1/32 is local host.

O 172. 16. 5. 0/24 [110/3] via 172. 16. 2. 1, 00:15:22, FastEthernet 0/0

RA#show ip ospf neighbor

OSPF process 1:

Neighbor ID	Pri	State	Dead Time	Address	Interface
172. 16. 5. 1	1	Full/DR	00:00:38	172. 16. 1. 2	FastEthernet 0/1
172. 16. 2. 2	1	Full/DR	00:00:36	172. 16. 2. 2	FastEthernet 0/0

RA#show ip ospf interface fastEthernet 0/0

FastEthernet 0/0 is up, line protocol is up

Internet Address 172. 16. 2. 1/24, Ifindex 1, Area 0. 0. 0. 0, MTU 1500

Matching network config: 172. 16. 2. 0/24

Process ID 1, Router ID 172. 167. 1. 1, Network Type BROADCAST, Cost: 1

Transmit Delay is 1 sec, State BDR, Priority 1

Designated Router(ID) 172. 16. 2. 2, Interface Address 172. 16. 2. 2

Backup Designated Router(ID) 172. 167. 1. 1, Interface Address 172. 16. 2. 1

Timer intervals configured, Hello 10, Dead 40, Wait 40, Retransmit 5

Hello due in 00:00:05

Neighbor Count is 1, Adjacent neighbor count is 1

Crypt Sequence Number is 82589

Hello received 114 sent 115, DD received 4 sent 5

LS-Req received 1 sent 1, LS-Upd received 5 sent 9

LS-Ack received 6 sent 4, Discarded 0

六、注意事项

（1）在申明直连网段时，注意要写该网段的反掩码。

（2）在申明直连网段时，必须指明所属的区域。

实验二十三　配置策略路由

一、实验目的

利用策略路由实现两家 ISP 提供商线路的负载均衡。

二、实验要求

（1）假定某公司希望从 ISPA 和 ISPB 收到大致相同的流量，在路由器 A 上实现策略路由，以便使两家 ISP 的连接负载均衡。

（2）该公司的内网为 10. 1. 1. 2 和 10. 2. 1. 2 两个网段，所以公司需要只有两段地址去访问 Internet，除此之外的其他都不能访问互联网，并且要求两条线路负载平衡。

（3）配置策略路由实验网络拓扑图如图 6-4 所示。

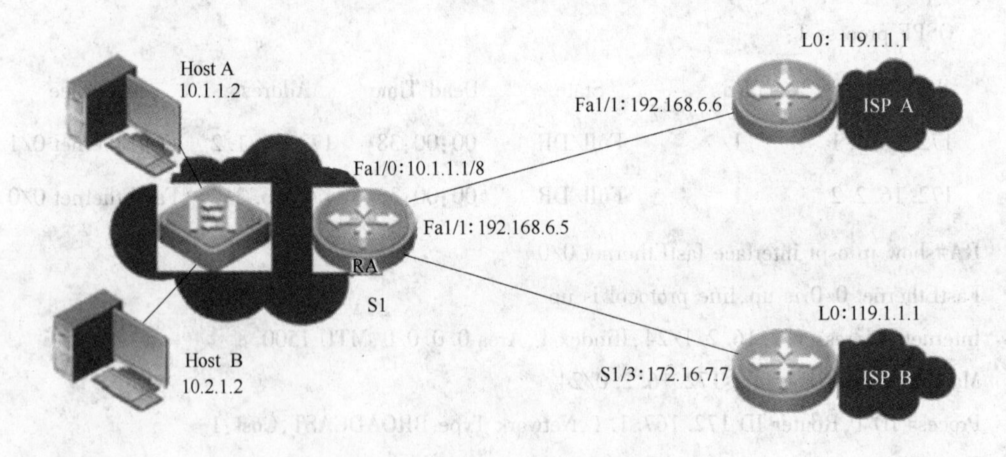

图 6-4　配置策略路由实验网络拓扑图

三、实验设备

路由器 3 台、交换机 1 台、PC 机 2 台。

四、实验原理

利用路由映射表来配置，并在接口上应用路由映射表。

五、实验步骤

第一步：在路由器上配置 IP 路由选择和 IP 地址。

```
RG(config)#interface serial 1/3
RG(config-if)#ip address 192.168.6.5 255.255.255.0
RG(config-if)# clock rate 64000
RG(config)#interface FastEthernet 1/0
RG(config-if)#ip address 10.1.1.1 255.0.0.0
RG(config)#interface FastEthernet 1/1
RG(config-if)#ip address 172.16.7.6 255.255.255.0
RG(config)# ip route 0.0.0.0 0.0.0.0 FastEthernet 1/1
RG(config)#ip route 0.0.0.0 0.0.0.0 serial 1/3
RG(config)#ip route 10.0.0.0 255.0.0.0 FastEthernet 1/0
```

第二步：定义访问列表。

```
RG(config)# access-list 10 permit 10.1.0.0 0.0.255.255
RG(config)# access-list 20 permit 10.2.0.0 0.0.255.255
```

第三步：配置路由映射表。

```
RG(config)#route-map ruijie permit 10
RG(config-route-map)#match ip address 10
RG(config-route-map)#set ip default next-hop 192.168.6.6
RG(config)#route-map ruijie permit 20
RG(config-route-map)#match ip address 20
RG(config-route-map)#set ip default next-hop 172.16.7.7
RG(config)#route-map ruijie permit 30
RG(config-route-map)#set interface Null 0
```

第四步：在接口上应用路由策略。

```
RG(config)# interface FastEthernet 1/0
RG(config-if)#ip policy route-map ruijie
```

第五步：验证测试。

在 HOST A 上用 Ping 命令来测试路由映射。

```
C:\>ping 119.1.1.1
Pinging 119.1.1.1 with 32 bytes of data:
Reply from 119.1.1.1:bytes=32 time<1ms TTL=64
Reply from 119.1.1.1:bytes=32 time<1ms TTL=64
```

```
Reply from 119.1.1.1:bytes=32 time<1ms TTL=64
Reply from 119.1.1.1:bytes=32 time<1ms TTL=64
Ping statistics for 119.1.1.1:
  Packets:Sent = 4,Received = 4,Lost = 0(0% loss),
Approximate round trip times in milli-seconds:
  Minimum = 0ms,Maximum = 0ms,Average = 0ms
RG#sh route-map
route-map ruijie,permit,sequence 10
  Match clauses:
    ip address 10
  Set clauses:
    ip default next-hop 192.168.6.6
  Policy routing matches:21 packets,2304 bytes
route-map ruijie,permit,sequence 20
  Match clauses:
    ip address 20
  Set clauses:
    ip default next-hop 172.16.7.7
  Policy routing matches:0 packets,0 bytes route-map ruijie,permit,sequence 30
  Match clauses:Set clauses:
    interface Null 0
  Policy routing matches:0 packets,0 bytes
```

在 HOST B 上用 Ping 命令来测试路由映射。

```
C:\>ping 119.1.1.1
Pinging 119.1.1.1 with 32 bytes of data:
Reply from 119.1.1.1:bytes=32 time<1ms TTL=64
Reply from 119.1.1.1:bytes=32 time<1ms TTL=64
Reply from 119.1.1.1:bytes=32 time<1ms TTL=64
Reply from 119.1.1.1:bytes=32 time<1ms TTL=64
Ping statistics for 119.1.1.1:
  Packets:Sent = 4,Received = 4,Lost = 0(0% loss),
Approximate round trip times in milli-seconds:
  Minimum = 0ms,Maximum = 0ms,Average = 0ms
RG#sh route-map
route-map ruijie,permit,sequence 10
  Match clauses:
    ip address 10
```

```
  Set clauses:
    ip default next-hop 192. 168. 6. 6
  Policy routing matches:21 packets,2304 bytes
route-map ruijie,permit,sequence 20
  Match clauses:
    ip address 20
  Set clauses:
    ip default next-hop 172. 16. 7. 7
  Policy routing matches:9 packets,576 bytes
route-map ruijie,permit,sequence 30
  Match clauses:
  Set clauses:
    interface Null 0
  Policy routing matches:0 packets,0 bytes
```

把 HOSTB 的 IP 地址修改为 10. 3. 1. 1，用 Ping 命令来测试路由映射。

```
C:\>ping 119. 1. 1. 1
Pinging 119. 1. 1. 1 with 32 bytes of data:
Pinging 17. 1. 1. 1 with 32 bytes of data:Request timed out.
Request timed out. Request timed out. Request timed out.
RG#sh iroute-map
route-map ruijie,permit,sequence 10
  Match clauses:
    ip address 10
  Set clauses:
    ip default next-hop 192. 168. 6. 6
  Policy routing matches:21 packets,2304 bytes
route-map ruijie,permit,sequence 20
  Match clauses:
    ip address 20
  Set clauses:
    ip default next-hop 172. 16. 7. 7
  Policy routing matches:9 packets,576 bytes
route-map ruijie,permit,sequence 30
  Match clauses:Set clauses:
    interface Null 0
  Policy routing matches:27 packets,1728 bytes
```

第七章　配置网络地址转换

实验二十四　配置静态NAT

一、实验目的

配置网络地址变换，提供到公司共享服务器的可靠外部访问。

二、实验要求

（1）假定某IT企业因业务扩展，需要升级网络，他们选择172.16.1.0/24作为私有地址，并用NAT来处理和外部网络的连接。

（2）该企业需要将172.16.1.5和172.16.1.6两台主机作为共享服务器，需要外网能够访问，考虑到包括安全在内的诸多因素，企业希望对外部隐藏内部网络。

（3）配置静态NAT实验网络拓扑图如图7-1所示。

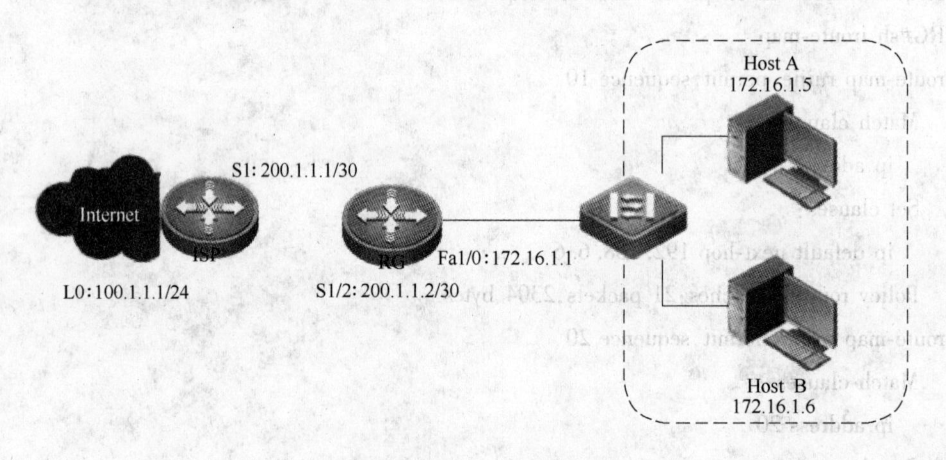

图7-1　配置NAT实验网络拓扑图

三、实验设备

路由器2台、交换机1台、PC机2台。

四、实验原理

NAT（network address translation）顾名思义就是网络IP地址的转换。NAT的出现是为

了解决 IP 地址日益短缺的问题，使用 NAT 技术可以在多处 Internet 子网中使用相同的 IP 地址，用来减少注册 IP 地址的使用，将多个内部地址映射为少数几个甚至一个公网地址。同时它还起到了隐藏内部网络结构的作用，对于本地主机而言具有一定的安全性。

NAT 主要包括三种方式：静态 NAT（static NAT）、动态地址 NAT（pooled NAT）、网络地址端口转换 NAPT（port-level NAT）。其中静态 NAT 是设置起来最简单也最容易实现的一种，内部网络中的每个主机都被永久映射成外部网络中的某个合法地址。而动态地址 NAT 则是在外部网络中定义了一系列的合法地址，采用动态分配的方法映射到内部网络。静态 NAT 和动态地址 NAT 合称为基本 NAT，要求其同一时刻被映射的内部主机数小于或等于所拥有的外网 IP 数。

五、实验步骤

第一步：在路由器上配置 IP 路由选择和 IP 地址。

```
RG#config t
RG(config)#interface serial 1/2
RG(config-if)#ip address 200. 1. 1. 2 255. 255. 255. 252
RG(config-if)#clock rate 64000
RG(config)#interface FastEthernet 1/0
RG(config-if)#ip address 172. 16. 1. 1 255. 255. 255. 0
RG(config)#ip route 0. 0. 0. 0 0. 0. 0. 0 serial 1/2
```

第二步：配置静态 NAT。

```
RG(config)#ip nat inside source static 172. 16. 1. 5 200. 1. 1. 80
RG(config)#ip nat inside source static 172. 16. 1. 5 200. 1. 1. 81
```

第三步：指定一个内部接口和一个外部接口。

```
RG(config)#interface serial 1/2
RG(config-if)#ip nat outside
RG(config)#interface FastEthernet 1/0
RG(config-if)#ip nat inside
```

第四步：验证测试。

用 telnet 登录远程主机 100. 1. 1. 1 来测试 NAT 的转换。

```
C:\>telnet 100. 1. 1. 1
User Access Verification
Password:
RG#sh ip nat translations
Pro Inside global    Inside local     Outside local    Outside global
tcp 200. 1. 1. 80:1172   172. 16. 1. 5:1172   100. 1. 1. 1:23   100. 1. 1. 1:23
```

```
tcp 200.1.1.81:1173   172.16.1.6:1173   100.1.1.1:23   100.1.1.1:23
RG#debug ip nat
RG#NAT:[A] pk 0x03f470e4 s 172.16.1.5->200.1.1.80:1172 [3980]
NAT:[B] pk 0x03f5b540 d 200.1.1.80->172.16.1.5:1172 [259]
NAT:[A] pk 0x03f4b3ac s 172.16.1.5->200.1.1.80:1172 [3981]
NAT:[B] pk 0x03f4a888 d 200.1.1.80->172.16.1.5:1172 [260]
NAT:[A] pk 0x03f478c8 s 172.16.1.5->200.1.1.80:1172 [3982]
NAT:[B] pk 0x03f4a6f4 d 200.1.1.80->172.16.1.5:1172 [261]
NAT:[A] pk 0x03f4bd24 s 172.16.1.5->200.1.1.80:1172 [3983]
NAT:[B] pk 0x03f498a8 d 200.1.1.80->172.16.1.5:1172 [262]
```

六、注意事项

在做本实验前，一定要先配置好路由，要使用整个网络通信后再启用 NAT。

实验二十五　配置动态 NAT

一、实验目的

配置网络地址变换，为私有地址的用户提供到外部网络的资源的访问。

二、实验要求

（1）假定某 IT 企业因业务扩展，需要升级网络，他们选择 172.16.1.0/24 作为私有地址，并用 NAT 来处理和外部网络的连接。

（2）ISP 提供商给 IT 企业的一段公共 IP 地址的地址段为 200.1.1.200～100.1.1.210，需要内网使用这段地址去访问 Internet。考虑到包括安全在内的诸多因素，公司希望对外部隐藏内部网络。

（3）配置动态 NAT 实验网络拓扑图如图 7-1 所示。

三、实验设备

路由器 2 台、交换机 1 台、PC 机 2 台。

四、实验原理

在路由器上定义内网与外网接口，利用 NAT 地址池实现内网对外网的访问，并把内网隐藏起来。

五、实验步骤

第一步：在路由器上配置 IP 路由选择和 IP 地址。

```
RG#config t
RG(config)#interface serial 1/2
RG(config-if)#ip address 200.1.1.2 255.255.255.252
RG(config-if)#clock rate 64000
RG(config)#interface FastEthernet 1/0
RG(config-if)#ip address 172.16.1.1 255.255.255.0
RG(config)#ip route 0.0.0.0 0.0.0.0 serial 1/2
```

第二步：定义一个 IP 访问列表。

```
RG(config)#access-list 10 permit 172.16.1.0 0.0.0.255
```

第三步：配置静态 NAT。

```
RG(config)# ip nat pool ruijie 200.1.1.200 200.1.1.210 prefix-length 24
RG(config)#ip nat inside source list 10 pool ruijie
```

第四步：指定一个内部接口和一个外部接口。

```
RG(config)#interface serial 1/2
RG(config-if)#ip nat outside
RG(config)#interface FastEthernet 1/0
RG(config-if)#ip nat inside
```

第五步：验证测试。

用两台主机 telnet 登录远程主机 100.1.1.1 来测试 NAT 的转换。

```
C:\>telnet 100.1.1.1
User Access Verification
Password:
[root@lab ~]# telnet 100.1.1.1
Trying 100.1.1.1...
Connected to 100.1.1.1(100.1.1.1). Escape character is '^]'.
User Access Verification
Password:

RG#sh ip nat translations
Pro Inside global      Inside local     Outside local   Outside global
tcp 200.1.1.201:1174   172.16.1.6:1174  100.1.1.1:23    100.1.1.1:23
tcp 200.1.1.204:1026   172.16.1.5:1026  100.1.1.1:23    100.1.1.1:23
RG#debug ip nat
RG#NAT:[A] pk 0x03f553ec s 172.16.1.6->200.1.1.201:1176 [4082]
NAT:[B] pk 0x03f56d44 d 200.1.1.201->172.16.1.6:1174 [363]
```

```
NAT:[A] pk 0x03f560a4 s 172.16.1.6->200.1.1.201:1174 [4083]
NAT:[B] pk 0x03f4d044 d 200.1.1.201->172.16.1.6:1174 [364]
NAT:[A] pk 0x03f50620 s 172.16.1.6->200.1.1.201:1174 [4084]
NAT:[B] pk 0x03f4f968 d 200.1.1.201->172.16.1.6:1174 [365]
NAT:[A] pk 0x03f55580 s 172.16.1.6->200.1.1.201:1174 [4085]
⋮
NAT:[A] pk 0x03f54d84 s 172.16.1.5->200.1.1.204:1026 [52337]
NAT:[B] pk 0x03f56238 d 200.1.1.204->172.16.1.5:1026 [372]
NAT:[A] pk 0x03f56888 s 172.16.1.5->200.1.1.204:1026 [52339]
NAT:[A] pk 0x03f56560 s 172.16.1.5->200.1.1.204:1026 [52341]
NAT:[B] pk 0x03f566f4 d 200.1.1.204->172.16.1.5:1026 [373]
NAT:[A] pk 0x03f5b6d4 s 172.16.1.5->200.1.1.204:1026 [52343]
NAT:[B] pk 0x03f51c50 d 200.1.1.204->172.16.1.5:1026 [374]
```

实验二十六　配置 NAT 地址复用（NAPT）

一、实验目的

配置网络地址变换，为私有地址的用户提供到外部网络资源的访问。

二、实验要求

（1）假定某 IT 企业因业务扩展，需要升级网络，他们选择 172.16.1.0/24 作为私有地址，并用 NAT 来处理和外部网络的连接。

（2）由于 IPv4 地址不足，因此 ISP 提供商只给 IT 企业的广域网如下的接口 IP 地址，地址为 200.1.1.2/30，需要企业内网都能使用这个地址去访问 Internet，考虑到包括安全在内的诸多因素，公司希望对外部隐藏内部网络。

（3）配置 NAT 实验网络拓扑图，如图 7-1 所示。

三、实验设备

路由器 2 台、交换机 1 台、PC 机 2 台。

四、实验原理

NAT 是指将网络地址从一个地址空间转换为另一个地址空间的行为。NAT 将网络划分为内部网络（inside）和外部网络（outside）两部分。局域网主机利用 NAT 访问网络时，是将局域网内部的本地地址转换为全局地址（互联网合法 IP 地址）后转发数据包。

NAT 分为两种类型：NAT（网络地址转换）和 NAPT（网络地址端口转换）。NAT 是实现转换后一个本地 IP 地址对应一个全局地址。NAPT 是实现转换后多个本地 IP 地址对应一个全局 IP 地址。目前网络中由于公网 IP 地址紧缺，而局域网主机数较多，因此一般使用动态的 NAPT 实现局域网多台主机共用一个或少数几个公网 IP 地址访问互联网。

五、实验步骤

第一步：在路由器上配置 IP 路由选择和 IP 地址。

```
RG#config t
RG(config)#interface serial 1/2
RG(config-if)#ip address 200.1.1.2 255.255.255.252
RG(config-if)#clock rate 64000
RG(config)#interface FastEthernet 1/0
RG(config-if)#ip address 172.16.1.1 255.255.255.0
RG(config)#ip route 0.0.0.0 0.0.0.0 serial 1/2
```

第二步：配置静态 NAT。

```
RG(config)# ip nat inside source list 10 interface serial 1/2 overload
```

第三步：指定一个内部接口和一个外部接口。

```
RG(config)#interface serial 1/2
RG(config-if)#ip nat outside
RG(config)#interface FastEthernet 1/0
RG(config-if)#ip nat inside
```

第四步：验证测试。

用两台主机 telnet 登录远程主机 100.1.1.1 来测试 NAT 的转换。

```
C:\>telnet 100.1.1.1
User Access Verification
Password:
[root@lab ~]# telnet 100.1.1.1
Trying 100.1.1.1...
Connected to 100.1.1.1(100.1.1.1)
Escape character is '^]'.
User Access Verification
Password:
RG#sh ip nat translations
Pro Inside global       Inside local        Outside local      Outside global
tcp 200.1.1.2:1029      172.16.1.5:1029     100.1.1.1:23       100.1.1.1:23
tcp 200.1.1.2:1183      172.16.1.3:1183     100.1.1.1:23       100.1.1.1:23
```

第八章　配置访问控制列表

实验二十七　配置标准 IP ACL

一、实验目的

使用标准 IP ACL 实现简单的访问控制。

二、实验要求

（1）假定某公司网络中，行政部、销售部门和财务部门分别属于不同的 3 个子网，3 个子网之间使用路由器进行互联。行政部所在的子网为 172.16.1.0/24，销售部所在的子网为 172.16.2.0/24，财务部所在的子网为 172.16.4.0/24。考虑到信息安全的问题，要求销售部门不能对财务部门进行访问，但行政部可以对财务部门进行访问。

（2）使用标准 IP ACL，根据配置的规则对网络中的数据进行过滤。

（3）配置标准 IP ACL 实验网络拓扑图如图 8-1 所示。

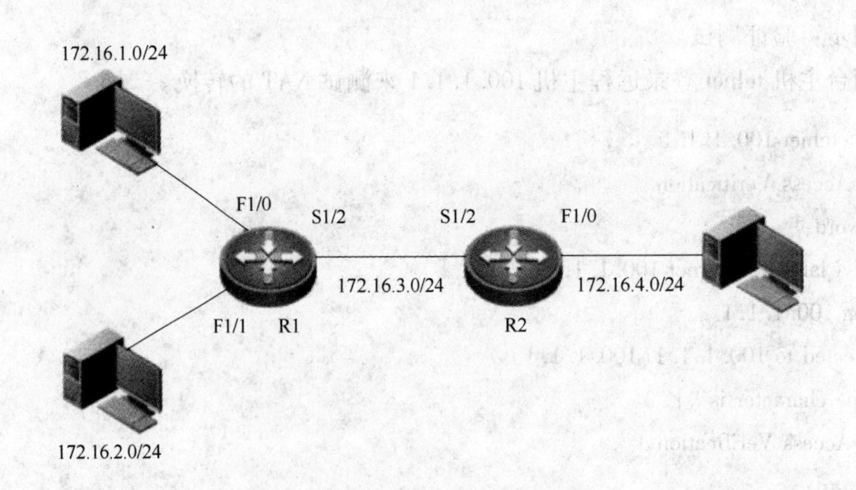

图 8-1　配置标准 IP ACL 实验网络拓扑图

三、实验设备

路由器 2 台、PC 机 3 台。

四、实验原理

IP ACL（IP 访问控制列表或 IP 访问列表）是实现对流经路由器或交换机的数据包根据一定的规则进行过滤，从而提高网络可管理性和安全性。

IP ACL 分为两种：标准 IP 访问列表和扩展 IP 访问列表。标准 IP 访问列表可以根据数据包的源 IP 地址定义规则，进行数据包的过滤。扩展 IP 访问列表可以根据数据包的源 IP、目的 IP、源端口、目的端口、协议来定义规则，进行数据包的过滤。

IP ACL 的配置有两种方式：按照编号的访问列表和按照命名的访问列表。

标准 IP 访问列表编号范围是 1～99、1300～1999，扩展 IP 访问列表编号范围是 100～199、2000～2699。

标准 IP ACL 可以对数据包的源 IP 地址进行检查。当应用了 ACL 的接口接收或发送数据包时，将根据接口配置的 ACL 规则对数据进行检查，并采取相应的措施，允许通过或拒绝通过，从而达到访问控制的目的，提高了网络安全性。

五、实验步骤

第一步：R1 基本配置。

```
R1#configure terminal
R1 (config)#interface fastEthernet 1/0
R1 (config-if)#ip address 172. 16. 1. 1 255. 255. 255. 0
R1 (config-if)#exit
R1 (config)#interface fastEthernet 1/1
R1 (config-if)#ip address 172. 16. 2. 1 255. 255. 255. 0
R1 (config-if)#exit
R1 (config)#interface serial 1/2
R1 (config-if)#ip address 172. 16. 3. 1 255. 255. 255. 0
R1 (config-if)#exit
```

第二步：R2 基本配置。

```
R2#configure terminal
R2 (config)#interface serial 1/2
R2 (config-if)#ip address 172. 16. 3. 2 255. 255. 255. 0
R2 (config-if)#exit
R2 (config)#interface fastEthernet 1/0
R2 (config-if)#ip address 172. 16. 4. 1 255. 255. 255. 0
R2 (config-if)#exit
```

第三步：查看 R1、R2 接口状态。

```
R1#show ip      interface      brief
Interface                      IP-Address(Pri)    OK?    Status
serial 1/2                     172.16.3.1/24      YES    UP
serial 1/3                     no address         YES    DOWN
FastEthernet    1/0            172.16.1.1/24      YES    UP
FastEthernet    1/1            172.16.2.1/24      YES    UP
Null 0                         no address         YES    UP
R2#show ip      interface      brief
Interface                      IP-Address(Pri)    OK?    Status
serial 1/2                     172.16.3.2/24      YES    UP
serial 1/3                     no address         YES    DOWN
FastEthernet    1/0            172.16.4.1/24      YES    UP
FastEthernet    1/1            no address         YES    DOWN
Null 0                         no address         YES    UP
```

第四步：在 R1、R2 上配置静态路由。

```
R1(config)#route     172.16.4.0     255.255.255.0     serial     1/2
R2(config)#route     172.16.1.0     255.255.255.0     serial     1/2
R2(config)#route     172.16.2.0     255.255.255.0     serial     1/2
```

第五步：配置标准 IP ACL。

对于标准 IP ACL，由于只能对报文的源 IP 地址进行检查，因此为了不影响源端的其他通信，通常将其放置到距离目标近的位置，在本实验中是 R2 的 F1/0 接口。

```
R2(config)#access-list 1 deny 172.16.2.0 0.0.0.255
！拒绝来自销售部 172.16.2.0/24 子网的流量通过
R2(config)#access-list 1 permit 172.16.1.0 0.0.0.255
！允许来自行政部 172.16.1.0/24 子网的流量通过
```

第六步：应用 ACL。

```
R2(config)#interface fastEthernet 1/0
R2(config-if)#ip access-group 1 out
```

第七步：验证测试。

在行政部主机（172.16.1.0/24）ping 财务部主机，可以 ping 通。在销售部主机（172.16.2.0/24）ping 财务部主机，不能 ping 通。

六、注意事项

在部署标准 ACL 时，需要将其放置到距离目标近的位置，否则可能会阻断正常的通信。

实验二十八　配置扩展 IP ACL

一、实验目的

使用扩展 IP ACL 实现高级的访问控制。

二、实验要求

（1）假定校园网中，宿舍网、教工网和服务器区域分别属于不同的 3 个子网，3 个子网之间使用路由器进行互联。宿舍网所在的子网为 172. 16. 1. 0/24，教工网所在的子网为 172. 16. 2. 0/24，服务器区域所在的子网为 172. 16. 4. 0/24。现在要求学生网的主机只能访问服务器区域的 FTP 服务器，而不能访问 WWW Server。教工网的主机可以同时访问 FTP Server 和 WWW Server。此外，除了宿舍网和教工网到达服务器区域的 FTP 和 WWW 流量以外，不允许任何其他的数据流到达服务器区域。

（2）配置扩展 IP ACL 实验网络拓扑图如图 8-2 所示。

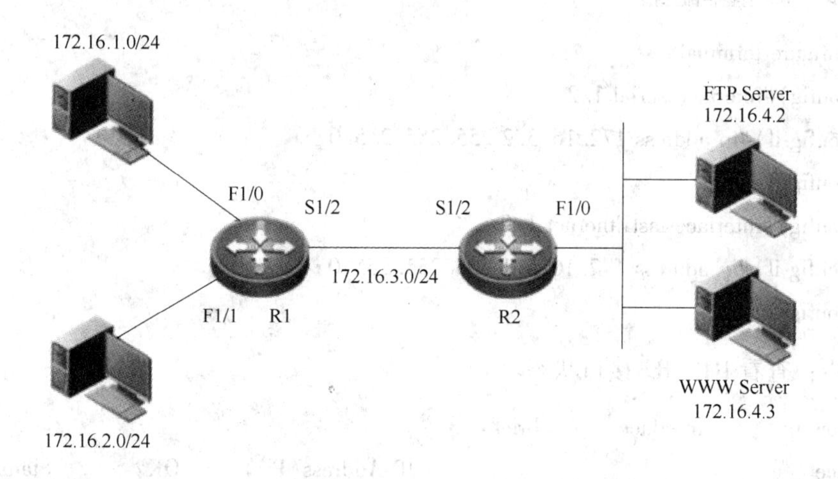

图 8-2　配置扩展 IP ACL 实验网络拓扑图

三、实验设备

路由器 2 台、PC 机 4 台（其中两台需要分别安装 FTP 服务和 WWW 服务）。

四、实验原理

扩展 IP ACL 可以对数据包的源 IP 地址、目的 IP 地址、协议、源端口、目的端口进行检查。由于扩展 IP ACL 能够提供更多对数据包的检查项，所以扩展 IP ACL 常用于高级的、复杂的访问控制。当应用 ACL 的接口接收或发送报文时，将根据接口配置的 ACL 规则对数据进行检查，并采取相应的措施，允许通过或拒绝通过，从而达到访问控制的目的，提高网络安全性。

五、实验步骤

第一步：R1 基本配置。

```
R1#configure terminal
R1 (config)#interface fastEthernet 1/0
R1 (config-if)#ip address 172.16.1.1 255.255.255.0
R1 (config-if)#exit
R1 (config)#interface fastEthernet 1/1
R1 (config-if)#ip address 172.16.2.1 255.255.255.0
R1 (config-if)#exit
R1 (config)#interface serial 1/2
R1 (config-if)#ip address 172.16.3.1 255.255.255.0
R1 (config-if)#exit
```

第二步：R2 基本配置。

```
R2#configure terminal
R2 (config)#interface serial 1/2
R2 (config-if)#ip address 172.16.3.2 255.255.255.0
R2 (config-if)#exit
R2 (config)#interface fastEthernet 1/0
R2 (config-if)#ip address 172.16.4.1 255.255.255.0
R2 (config-if)#exit
```

第三步：查看 R1、R2 接口状态。

```
R1#show ip    interface    brief
Interface                      IP-Address(Pri)   OK?   Status
serial1/2                      172.16.3.1/24     YES   UP
serial1/3                      no address        YES   DOWN
FastEthernet    1/0            172.16.1.1/24     YES   UP
FastEthernet    1/1            172.16.2.1/24     YES   UP
Null 0                         no address        YES   UP
R2#show ip    interface    brief
Interface                      IP-Address(Pri)   OK?   Status
serial 1/2                     172.16.3.2/24     YES   UP
serial 1/3                     no address        YES   DOWN
FastEthernet    1/0            172.16.4.1/24     YES   UP
FastEthernet    1/1            no address        YES   DOWN
```

```
Null 0                                  no address      YES     UP
```

第四步：在 R1、R2 上配置静态路由。

```
R1 (config)#ip    route    172.16.4.0    255.255.255.0    serial    1/2
R2 (config)#ip    route    172.16.1.0    255.255.255.0    serial    1/2
R2 (config)#ip    route    172.16.2.0    255.255.255.0    serial    1/2
```

第五步：配置扩展 IP ACL。

对于扩展 IP ACL，由于可以对数据包中的多个元素进行检查，因此可以将其放置到距离源端近的位置，在本实验中是 R1 的 S1/2 接口。

```
R1 (config)#access-list 100 permit tcp 172.16.1.0 0.0.0.255 host 172.16.4.2 eq ftp
R1 (config)#access-list 100 permit tcp 172.16.1.0 0.0.0.255 host 172.16.4.2 eq ftp-data
! 允许来自宿舍网 172.16.1.0/24 子网的到达 FTP Server(172.16.4.2)的流量
R1 (config)#access-list 100 permit tcp 172.16.2.0 0.0.0.255 host 172.16.4.2 eq ftp
R1 (config)#access-list 100 permit tcp 172.16.2.0 0.0.0.255 host 172.16.4.2 eq ftp-data
! 允许来自教工网 172.16.2.0/24 子网的到达 FTP Server(172.16.4.2)的流量
R1 (config)#access-list 100 permit tcp 172.16.2.0 0.0.0.255 host 172.16.4.3 eq www
! 允许来自教工网 172.16.2.0/24 子网的到达 WWW Server(172.16.4.3)的流量
```

第六步：应用 ACL。

```
R1 (config)#interface serial 1/2
R1 (config-if)#ip access-group 100 out
```

第七步：在主机上安装 FTP Server 和 WWW Server。

第八步：验证测试。

在宿舍网主机上可以访问 FTP Server，但是不能访问 WWW Server。在教工网主机（172.16.2.0/24）上，FTP Server 和 WWW Server 都可以访问。

六、注意事项

在部署标准 ACL 时，需要将其放置到距离源端近的位置，可以防止不必要的流量在网络中传输。

实验二十九　利用 IP 标准访问列表进行网络流量的控制

一、实验目的

掌握路由器上编号的标准 IP 访问列表规则及配置。

二、实验要求

（1）假定某公司的经理部、财务部门和销售部门分属不同的 3 个网段，三部门之间用路由器进行信息传递。为了安全起见，公司领导要求销售部门不能对财务部门进行访问，但经理部可以对财务部门进行访问。经理部的网段为 172. 16. 2. 0，销售部门的网段为 172. 16. 1. 0，财务部门的网段为 172. 16. 4. 0。

（2）利用 IP 标准 ACL 进行网络流量的控制实验网络拓扑图如图 8-3 所示。

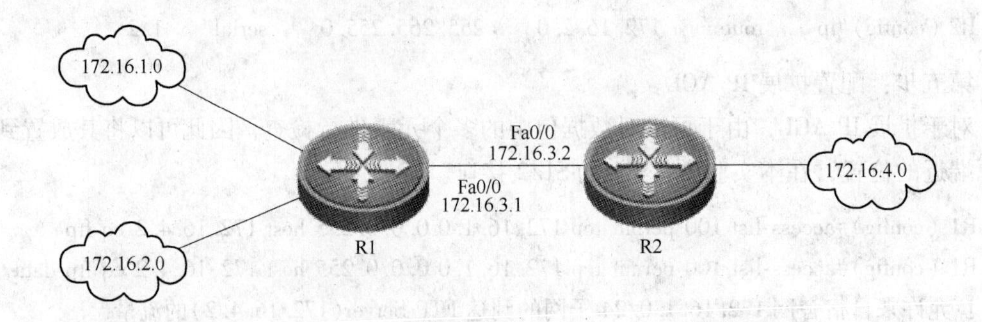

图 8-3　利用 IP 标准 ACL 进行网络流量的控制实验网络拓扑图

三、实验设备

路由器（2 台）、V. 35 线缆（1 条）、直连线或交叉线（3 条）。

四、实验原理

IP ACL 基于接口进行规则的应用，分为入栈应用和出栈应用。入栈应用是指由外部经该接口进行路由器的数据包进行过滤。出栈应用是指路由器从该接口向外转发数据时进行数据包的过滤。

标准 IP 访问列表编号范围是 1 ~99、1300 ~1999，扩展 IP 访问列表编号范围是 100 ~199、2000 ~2699。

五、实验步骤

第一步：路由器基本配置。

```
R1(config)#
R1(config)# interface    loopback 0
R1 (config-if)#ip add 172. 16. 1. 1 255. 255. 255. 0
R1 (config-if)#no shutdown
R1 (config-if)# interface loopback 1
R1 (config-if)#ip add 172. 16. 2. 1 255. 255. 255. 0
R1 (config-if)#no shutdown
R1 (config-if)#interface FastEthernet0/0
R1 (config-if)#ip add 172. 16. 3. 1 255. 255. 255. 0
R1 (config-if)#no shutdown
```

```
R1(config-if)#end

R2(config)# interface FastEthernet 0/0
R2(config-if)#ip add 172. 16. 3. 1 255. 255. 255. 0
R2(config-if)#no shutdown
R2(config-if)#exit
R2(config-if)#interface FastEthernet 0/1
R2(config-if)#ip add 172. 16. 4. 1 255. 255. 255. 0
R2(config-if)#no shutdown
R2(config-if)#end
```

第二步：配置路由。

```
R1(config)#ip route 0. 0. 0. 0 0. 0. 0. 0 172. 16. 3. 2
R2(config)#ip route 0. 0. 0. 0 0. 0. 0. 0 172. 16. 3. 1
```

第三步：配置标准 IP 访问控制列表。

```
R2(config)#access-list 10 deny 172. 16. 1. 0 0. 0. 0. 255
R2(config)#access-list 10 permit 172. 16. 2. 0 0. 0. 0. 255
R2(config)# interface FastEthernet 0/1
R2(config-if)#ip access-group 10 out
```

第四步：验证测试。

在没有配置 ACL 时，可以使用原地址为 172. 16. 1. 1，目标地址为 172. 16. 4. 10（此为连接到 R2 接口 Fa0/1 的一台主机），进行 ping 通信，如下所示：

```
R1#ping
Protocol [ip]:
Target IP address: 172. 16. 4. 1
Repeat count [5]:
Datagram size [100]:
Timeout in seconds [2]:
Extended commands [n]: y
Source address:172. 16. 1. 1
Time to Live [1, 64]:
Type of service [0, 31]:
Data Pattern [0xABCD]:0xabcd
Sending 5, 100-byte ICMP Echoes to 172. 16. 4. 1, timeout is 2 seconds:
〈press Ctrl + C to break〉
!!!!!
Success rate is 100 percent (5/5), round-trip min/avg/max = 1/1/1 ms
```

配置 ACL 后的测试，如下所示：

```
R1#ping
Protocol [ip]:
Target IP address: 172.16.4.10
Repeat count [5]: Datagram size [100]:
Timeout in seconds [2]:
Extended commands [n]:y
Source address:172.16.1.1
Time to Live [1,64]:
Type of service [0,31]:
Data Pattern [0xABCD]:0xabcd
Sending 5,100-byte ICMP Echoes to 172.16.4.10,timeout is 2 seconds:
<press Ctrl + C to break>
.....
Success rate is 0 percent (0/5)

R1#ping
Protocol [ip]:
Target IP address: 172.16.4.10
Repeat count [5]:
Datagram size [100]:
Timeout in seconds [2]:
Extended commands [n]:y
Source address:172.16.2.1
Time to Live [1, 64]:
Type of service [0, 31]:
Data Pattern [0xABCD]:0xabcd
Sending 5, 100-byte ICMP Echoes to 172.16.4.10,timeout is 2 seconds:
<press Ctrl + C to break>
!!!!!
Success rate is 100 percent (5/5), round-trip min/avg/max = 1/2/10 ms
```

ping（172.16.2.0 网段的主机不能 ping 通 172.16.4.0 网段的主机；172.16.1.0 网段的主机能 ping 通 172.16.4.0 网段的主机）。

```
R2#show access-lists
ip access-list standard 10
10 deny 172.16.1.0 0.0.0.255
20 permit 172.16.2.0 0.0.0.255
```

35 packets filtered

R2#sh ip access-group interface fa0/1
ip access-group 10 out
Applied On interface FastEthernet 0/1

六、注意事项

（1）注意在访问控制列表的网络掩码是反掩码。
（2）标准控制列表要应用在尽量靠近目的地址的接口。

实验三十　利用 IP 扩展访问列表实现应用服务的访问限制

一、实验目的

掌握在交换机上编号的扩展 IP 访问列表规则及配置。

二、实验要求

（1）假定你是学校的网络管理员，在 3750-24 交换机上连着学校的提供 WWW 和 FTP 的服务器，另外还连接着学生宿舍楼和教工宿舍楼，学校规定学生只能对服务器进行 FTP 访问，不能进行 WWW 访问，教工则没有此限制。
（2）不允许 VLAN30 的主机去访问 VLAN10 的网络中的 web 服务，其他的不受限制。
（3）利用 IP 扩展 ACL 实现应用服务的访问限制实验网络拓扑图如图 8-4 所示。

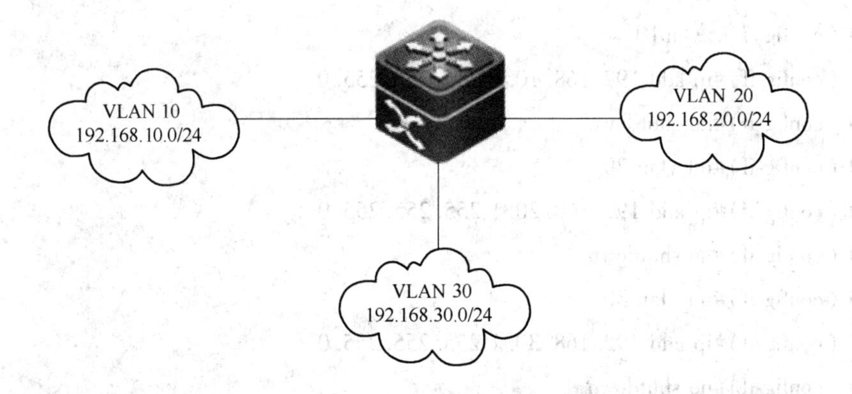

图 8-4　利用扩展 IP ACL 实现应用服务的访问限制实验网络拓扑图

三、实验设备

S3750 交换机 1 台、PC 机 3 台、直连线 3 条。

四、实验原理

IP ACL 分为两种：标准 IP 访问列表和扩展 IP 访问列表。标准 IP 访问列表可以根据数据包的源 IP 地址定义规则，进行数据包的过滤。扩展 IP 访问列表可以根据数据包的源 IP、目的 IP、源端口、目的端口、协议来定义规则，进行数据包的过滤。

五、实验步骤

第一步：路由器基本配置

```
S3750 (config)#vlan 10
S3750 (config-vlan)#name server
S3750 (config)#vlan 20
S3750 (config-vlan)#name teachers
S3750 (config)#vlan 30
S3750 (config-vlan)#name students
S3750 (config)#interface f0/1
S3750 (config-if)#switchport mode access
S3750 (config-if)#switchport access vlan 10
S3750 (config)#interface f0/2
S3750 (config-if)#switchport mode access
S3750 (config-if)#switchport access vlan 20
S3750 (config)#interface f0/3
S3750 (config-if)#switchport mode access
S3750 (config-if)#switchport access vlan 30
S3750 (config)#int vlan10
S3750 (config-if)#ip add 192. 168. 10. 1 255. 255. 255. 0
S3750 (config-if)#no shutdown
S3750 (config-if)#int vlan 20
S3750 (config-if)#ip add 192. 168. 20. 1 255. 255. 255. 0
S3750 (config-if)#no shutdown
S3750 (config-if)#int vlan 30
S3750 (config-if)#ip add 192. 168. 30. 1 255. 255. 255. 0
S3750 (config-if)#no shutdown
```

第二步：配置编号的扩展 IP 访问控制列表。

```
S3750 (config)#access-list 110 deny tcp 192. 168. 30. 0 0. 0. 0. 255 192. 168. 10. 0
0. 0. 0. 255 eq www
S3750 (config)#access-list 110 permit ip any any
```

```
S3750 (config)#int vlan 30
S3750 4(config-if)#ip access-group 110 in
```

第三步：验证测试。

```
S3750#show access-lists
ip access-list extended 110
10 deny tcp 192. 168. 30. 0 0. 0. 0. 255 192. 168. 10. 0 0. 0. 0. 255 eq www
20 permit ip any any
```

可以自己搭建一个 web 服务,使用客户端进行访问测试。

六、注意事项

（1）访问控制列表要在接口下应用。

（2）要注意 deny 某个网段后要 permit 其他网段。

第九章　IPv6 实验

实验三十一　IPv6 地址配置

一、实验目的

掌握如何在交换机上配置 IPv6 地址。

二、实验要求

（1）测试设备对 IPv6 地址配置的支持。
（2）在设备上配置 IPv6 地址，并且验证地址的可用性。

三、实验拓扑

交换机上配置 IPv6 地址网络拓扑图如图 9-1 所示。

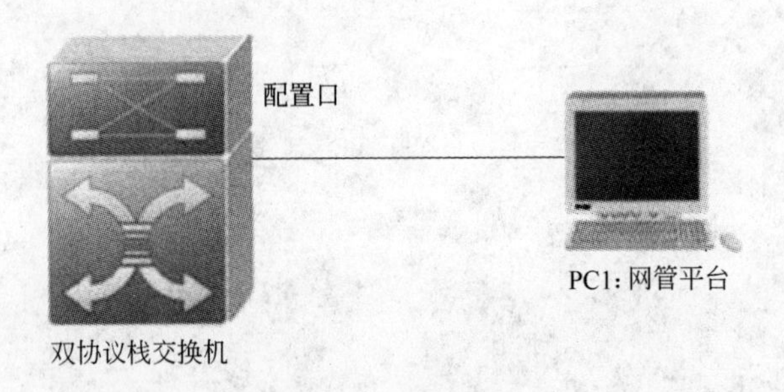

图 9-1　交换机上配置 IPv6 地址网络拓扑图

四、实验设备

双协议栈交换机 1 台、IPv6 PC 1 台、配置线 1 条。

五、实验步骤

第一步：搭建如图 9-1 所示的实验拓扑。
第二步：在 PC1 上运行超级终端程序，并设置好相应的参数，如图 9-2 所示。
配置好超级终端程序的参数，如图 9-3 所示。

图 9-2　在 PC1 上运行超级终端程序

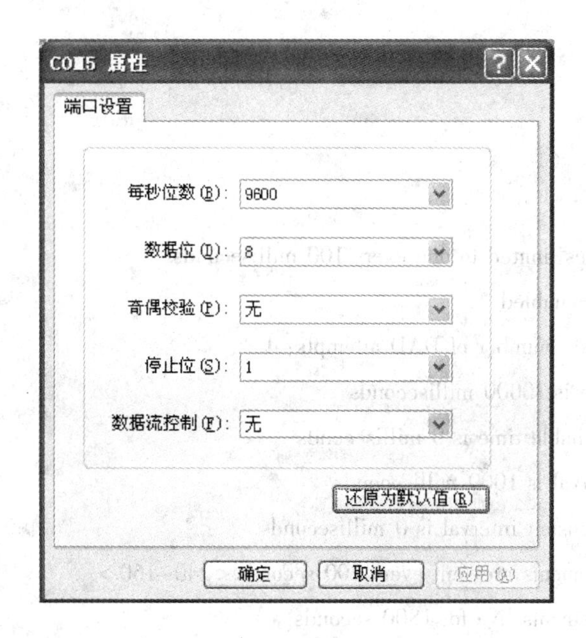

图 9-3　超级终端程序的配置参数

第三步：进入相应端口配置 IPv6 地址。

```
Switch#config
Switch(config)#interface vlan 1
Switch(config-if)#ipv6 address 1::1/64
Switch(config-if)#ipv6 enable
! 在交换机上启用 IPv6 协议
Switch(config-if)#no shutdown
```

第四步：查看相应端口配置。

```
3760_1#show ipv6 interfaces vlan 1
interface Vlan 1 is Up, ifindex: 2001
address(es):
Mac Address: 00:d0:f8:c1:b3:e2
INET6: fe80::2d0:f8ff:fec1:b3e2,subnet is fe80::/64
Joined group address(es):
ff02::2
ff01::1
ff02::1
ff02::1:ffc1:b3e2
INET6: 1::1 , subnet is 1::/64
Joined group address(es):
ff02::2
ff01::1
ff02::1
ff02::1:ff00:1
MTU is 1500 bytes
ICMP error messages limited to one every 100 milliseconds
ICMP redirects are enabled
ND DAD is enabled, number of DAD attempts: 1
-ND reachable time is 30000 milliseconds
ND advertised reachable time is 0 milliseconds
ND retransmit interval is 1000 milliseconds
ND advertised retransmit interval is 0 milliseconds
ND router advertisements are sent every 200 seconds <240--160 >
ND router advertisements live for 1800 seconds
```

第五步：验证地址被正确配置在接口上。

```
Switch#ping ipv6 1::1
AAAAA
Ping statistics for 1::1:
Packets: Send =0, Receive =0, RcvBad =0, Lost =0, <0% loss >
```

六、注意事项

（1）交换机的 IPv6 功能需要开启。

（2）IPv6 地址格式要正确。

实验三十二 IPv6 静态路由配置

一、实验目的

掌握在 IPv6 环境下通过静态路由的设置实现不同网段的通信。

二、实验要求

（1）完成 IPv6 静态路由配置。
（2）实现不同网段路由通信。

三、实验拓扑

IPv6 静态路由的设置实现不同网段的通讯如图 9-4 所示。

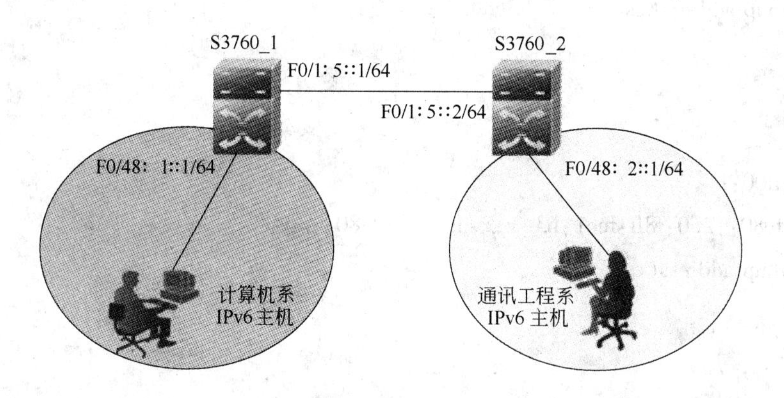

图 9-4 IPv6 静态路由的设置实现不同网段的通信

四、实验设备

双协议栈交换机 2 台、IPv6 PC 2 台、双绞线 3 条。

五、实验步骤

第一步：在 S3760_1 上配置接口的 IP 地址。

```
S3760_1(config) interface fa 0/1
S3760_1(config-if)#no switchport
S3760_1(config-if)#ipv6 address 5::1/64
S3760_1(config-if)#ipv6 enable
S3760_1(config-if)#no shutdown
S3760_1(config-if)#exit
S3760_1(config)#int fa 0/48
```

```
S3760_1(config-if)#no switchport
S3760_1(config-if)#ipv6 add 1::1/64
S3760_1(config-if)#ipv6 enable
S3760_1(config-if)#no shutdown
S3760_1(config-if)#no ipv6 nd suppress-ra
S3760_1(config-if)#exit
```

验证交换机接口配置:

```
S3760_1#sh ipv6 interfaces
interface FastEthernet 0/1 is Up, ifindex: 1
address(es):
Mac Address: 00:d0:f8:c1:b3:e3
INET6: 5::1 , subnet is 5::/64
Joined group address(es):
ff02::2
ff01::1
ff02::1
ff02::1:ff00:1
INET6: fe80::2d0:f8ff:fec1:b3e3 , subnet is fe80::/64
Joined group address(es):
ff02::2
ff01::1
ff02::1
ff02::1:ffc1:b3e3
MTU is 1500 bytes
ICMP error messages limited to one every 100 milliseconds
ICMP redirects are enabled
ND DAD is enabled, number of DAD attempts: 1
ND reachable time is 30000 milliseconds
ND advertised reachable time is 0 milliseconds
ND retransmit interval is 1000 milliseconds
ND advertised retransmit interval is 0 milliseconds
ND router advertisements are sent every 200 seconds <240--160 >
ND router advertisements live for 1800 seconds
interface FastEthernet 0/48 is Up, ifindex: 48
address(es):
Mac Address: 00:d0:f8:c1:b3:e4
INET6: 1::1 , subnet is 1::/64
```

Joined group address(es):

ff02::2

ff01::1

ff02::1

ff02::1:ff00:1

INET6: fe80::2d0:f8ff:fec1:b3e4,subnet is fe80::/64

Joined group address(es):

ff02::2

ff01::1

ff02::1

ff02::1:ffc1:b3e4

MTU is 1500 bytes

ICMP error messages limited to one every 100 milliseconds

ICMP redirects are enabled

ND DAD is enabled, number of DAD attempts: 1

ND reachable time is 30000 millis

第二步：在交换机 S3760_1 上配置静态路由。

S3760_1(config)#ipv6 route 2::/64 fa 0/1 5::2

! 配置静态路由

验证测试:查看 S3760_1 上的静态路由配置

S3760_1#show ipv6 route

Codes: C - Connected,L - Local,S - Static,R - RIP

O - OSPF intra area,IA - OSPF inter area

N1 - OSPF NSSA external type 1,N2 - OSPF NSSA external type 2

E1 - OSPF external type 1, E2 - OSPF external type 2

[*] - the route not add to hardware for hardware table full

L ::1/128

via ::1, Loopback

C 1::/64

via ::, FastEthernet 0/48

L 1::1/128

via ::, Loopback

S 2::/64

via 5::2, FastEthernet 0/1

C 5::/64

via ::, FastEthernet 0/1

L 5::1/128

```
via ::, Loopback
L fe80::/10
via ::1, Null0
C fe80::/64
via ::, FastEthernet 0/1
L fe80::2d0:f8ff:fec1:b3e3/128
via ::, Loopback
C fe80::/64
via ::, FastEthernet 0/48
L fe80::2d0:f8ff:fec1:b3e4/128
via ::, Loopback
```

第三步：配置交换机 S3760_2 接口地址。

```
S3760_2(config) interface fa 0/1
S3760_2(config-if)#no switch
S3760_2(config-if)#ipv6 add 5::2/64
S3760_2(config-if)#ipv6 enable
S3760_2(config-if)#no shutdown
S3760_2(config-if)#exit
S3760_2(config)#interface fa 0/48
S3760_2(config-if)#no switchport
S3760_2(config-if)#ipv6 add 2::1/64
S3760_2(config-if)#ipv6 enable
S3760_2(config-if)#no shutdown
S3760_2(config-if)#exit
```

验证测试：查看接口状态

```
S3760_2#show ipv6 interfaces
interface Vlan 1 is Down, ifindex: 2001
address(es):
Mac Address: 00:d0:f8:ff:bd:42
INET6: fec0:0:0:1::1 , subnet is fec0:0:0:1::/64
Joined group address(es):
ff02::2
ff01::1
ff02::1
ff02::1:ff00:1
INET6: fe80::2d0:f8ff:feff:bd42 , subnet is fe80::/64
```

Joined group address(es):

ff02::2

ff01::1

ff02::1

ff02::1:ffff:bd42

MTU is 1500 bytes

ICMP error messages limited to one every 100 milliseconds

ICMP redirects are enabled

ND DAD is enabled, number of DAD attempts: 1

ND reachable time is 30000 milliseconds

ND advertised reachable time is 0 milliseconds

ND retransmit interval is 1000 milliseconds

ND advertised retransmit interval is 0 milliseconds

ND router advertisements are sent every 200 seconds <240--160>

ND router advertisements live for 1800 seconds

interface FastEthernet 0/1 is Up, ifindex: 1

address(es):

Mac Address: 00:d0:f8:ff:bd:43

INET6: 5::2 , subnet is 5::/64

Joined group address(es):

ff02::2

ff01::1

ff02::1

ff02::1:ff00:2

INET6: fe80::2d0:f8ff:feff:bd43 , subnet is fe80::/64

Joined group address(es):

ff02::2

ff01::1

ff02::1

ff02::1:ffff:bd43

MTU is 1500 bytes

ICMP error messages limited to one every 100 milliseconds

ICMP redirects are enabled

ND DAD is enabled,number of DAD attempts: 1

ND reachable time is 30000 milliseconds

ND advertised reachable time is 0 milliseconds

ND retransmit interval is 1000 milliseconds

ND advertised retransmit interval is 0 milliseconds

ND router advertisements are sent every 200 seconds <240--160 >

ND router advertisements live for 1800 seconds

interface FastEthernet 0/48 is Up, ifindex: 48

address(es):

Mac Address: 00:d0:f8:ff:bd:44

INET6: 2::1 , subnet is 2::/64

Joined group address(es):

ff02::2

ff01::1

ff02::1

ff02::1:ff00:1

INET6: fe80::2d0:f8ff:feff:bd44 , subnet is fe80::/64

Joined group address(es):

ff02::2

ff01::1

ff02::1

ff02::1:ffff:bd44

MTU is 1500 bytes

ICMP error messages limited to one every 100 milliseconds

ICMP redirects are enabled

ND DAD is enabled, number of DAD attempts:1

ND reachable time is 30000 milliseconds

ND advertised reachable time is 0 milliseconds

ND retransmit interval is 1000 milliseconds

ND advertised retransmit interval is 0 milliseconds

ND router advertisements are sent every 200 seconds <240--160 >

ND router advertisements live for 1800 seconds

第四步：配置 S3760_2 的静态路由。

S3760_2(config)#ipv6 route 1::/64 fa 0/1 5::1

S3760_2(config)#end

验证测试：验证 S3760_2 上的静态路由配置

S3760_2#show ipv6 route

Codes: C - Connected, L - Local, S - Static, R - RIP

O - OSPF intra area, IA - OSPF inter area

N1 - OSPF NSSA external type 1, N2 - OSPF NSSA external type 2

E1 - OSPF external type 1, E2 - OSPF external type 2

```
[ * ] - the route not add to hardware for hardware table full
L ::1/128
via ::1, Loopback
S 1::/64
via 5::1, FastEthernet 0/1
C 2::/64
via ::, FastEthernet 0/48
L 2::1/128
via ::, Loopback
C 5::/64
via ::, FastEthernet 0/1
L 5::2/128
via ::, Loopback
L fe80::/10
via ::1, Null0
C fe80::/64
via ::, FastEthernet 0/1
L fe80::2d0:f8ff:feff:bd43/128
via ::, Loopback
C fe80::/64
via ::, FastEthernet 0/48
L fe80::2d0:f8ff:feff:bd44/128
via ::, Loopback
C fe80::/64
via ::,Vlan 1
L fe80::2d0:f8ff:feff:bd42/128
via ::,Loopback
C fec0:0:0:1::/64
via ::,Vlan 1
L fec0:0:0:1::1/128
via ::,Loopback
```

第五步：在 PC1、PC2 上配置地址，以 PC1 为例。

```
C:\netsh
! 进入网卡配置模式
Netsh > interface ipv6 ! 进入 IPv6 端口
Netsh intface ipv6 > add address "abc" 1::2
! 在端口上配置 IP
```

在 PC2 上是同样的配置步骤,IP 改为 2::2

第六步：在 PC 上验证路由是否是通的，以 PC1 为例。

```
C:\ping 2::2
Pinging 2::2 with 32 bytes of data:
Reply from 2::2: time <1ms
Reply from 2::2: time <1ms
Reply from 2::2: time <1ms
Reply from 2::2: time <1ms
Ping statistics for  2::2:
    Packets: Sent = 4,Received =4,Lost = 0 (0% loss)
Approximate round trip times in milli-seconds:
    Minimum =0ms,Maximum =0ms,Average =0ms
```

六、注意事项

（1）交换机 IPv6 功能的开启。

（2）静态路由下一跳指引正确。

实验三十三　IPv6 访问控制列表的配置

一、实验目的

掌握在 IPv6 环境下对访问控制列表的配置。

二、实验要求

（1）利用访问控制列表来限制网络中的不同主机之间的访问。

（2）通过在访问控制列表中定义规则，可以让特定主机无法访问特定网络。

三、实验拓扑

IPv6 环境下对访问控制列表的配置拓扑图如图 9-5 所示。

四、实验设备

双协议栈交换机 1 台、IPv6 PC2 台、双绞线 3 条。

五、实验步骤

第一步：配置双协议栈交换机接口。

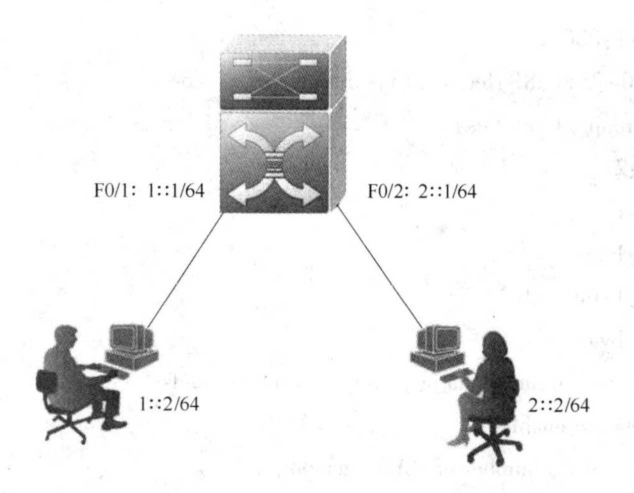

图 9-5 IPv6 环境下对访问控制列表的配置拓扑图

```
S3760_1(config)#interface fastEthernet 0/1
S3760_1(config-if)#ipv6 enable
S3760_1(config-if)#no switchport
S3760_1(config-if)#ipv6 address 1::1/64
S3760_1(config-if)#no ipv6 nd suppress-ra
S3760_1(config-if)#no shutdown
S3760_1(config-if)#exit
S3760_1(config)#interface fastEthernet 0/2
S3760_1(config-if)#no switchport
S3760_1(config-if)#ipv6 enable
S3760_1(config-if)#ip address 2::1/64
S3760_1(config-if)#no ipv6 nd suppress-ra
S3760_1(config-if)#no shutdown
S3760_1(config-if)#exit
```

验证测试：验证交换机接口状态

```
S3760_1#show ipv6 interfaces
interface FastEthernet 0/1 is Up, ifindex:1
  address(es):
    Mac Address: 00:d0:f8:c1:b3:e3
    INET6: 1::1,subnet is 1::/64
      Joined group address(es):
        ff02::2
        ff01::1
        ff02::1
```

```
        ff02::1:ff00:1
      INET6:fe80::2d0:f8ff:fec1:b3e3,subnet is fe80::/64
        Joined group address(es):
          ff02::2
          ff01::1
          ff02::1
          ff02::1:ffc1:b3e3
    MTU is 1500 bytes
    ICMP error messages limited to one every 100 milliseconds
    ICMP redirects are enabled
    ND DAD is enabled, number of DAD attempts: 1
    ND reachable time is 30000 milliseconds
    ND advertised reachable time is 0 milliseconds
    ND retransmit interval is 1000 milliseconds
    ND advertised retransmit interval is 0 milliseconds
    ND router advertisements are sent every 200 seconds <240--160>
    ND router advertisements live for 1800 seconds
interface FastEthernet 0/2 is Up,ifindex: 2
    address(es):
      Mac Address: 00:d0:f8:c1:b3:e4
      INET6: 2::1 , subnet is 2::/64
        Joined group address(es):
          ff02::2
          ff01::1
          ff02::1
          ff02::1:ff00:1
      INET6: fe80::2d0:f8ff:fec1:b3e4 , subnet is fe80::/64
        Joined group address(es):
          ff02::2
          ff01::1
          ff02::1
          ff02::1:ffc1:b3e4
    MTU is 1500 bytes
    ICMP error messages limited to one every 100 milliseconds
    ICMP redirects are enabled
    ND DAD is enabled, number of DAD attempts:1
    ND reachable time is 30000 milliseconds
    ND advertised reachable time is 0 milliseconds
```

```
ND retransmit interval is 1000 milliseconds
ND advertised retransmit interval is 0 milliseconds
ND router advertisements are sent every 200 seconds <240--160>
ND router advertisements live for 1800 seconds
```

第二步：设置 IPv6 访问控制列表。

设置时间访问控制列表：

```
S3760_1(config)#time-range work
S3760_1(config-time-range)#periodic daily 9:00 to 18:00
```

设置访问控制列表规则：

```
S3760_1(config)#ipv6 access-list deny_ping S3760_1(config-ipv6-acl)#deny icmp host 1::2 host 2::2 time-range work
S3760_1(config-ipv6-acl)#permit ipv6 any any
```

校正系统时间：

```
S3760_1#clock set 2:00:45 7 9 2006
```

第三步：测试网络连通性。

（1）测试 PC1 到 PC2 的连通性，网络是通畅的，结果如下：

```
Ping 2::2
Pinging 2::2 with 32 bytes of data:
Reply from 2::2: time=3ms
Reply from 2::2: time<1ms
Reply from 2::2: time<1ms
Ping statistics for  2::2:
    Packets: Sent = 3, Received = 3, Lost = 0 (0% loss),
Approximate round trip times in milli-seconds:
    Minimum = 0ms, Maximum = 3ms,Average = 1ms
```

（2）在端口上应用访问控制列表：

```
S3760_1(config)#int fa 0/1
S3760_1(config-if)#ipv6 traffic-filter deny_ping in
```

测试 PC1 到 PC2 的连通性，策略生效，网络不通，结果如下：

```
Ping 2::2
Pinging 2::2 with 32 bytes of data:
Request timed out.
Request timed out.
Request timed out.
```

Request timed out.

Ping statistics for 2::2:

Packets: Sent = 4, Received = 0, Lost = 4 (100% loss)

六、注意事项

注意系统时间的校对，时间没有校对会出现错误的实验结果。

第十章　系统管理

实验三十四　在交换机上配置 Telnet

一、实验目的

学习如何在交换机上启用 Telent，实现通过 Telnet 远程访问交换机。

二、实验要求

（1）掌握如何配置交换机的密码，以及如何配置 Telnet。
（2）掌握以 Telnet 的方式远程访问交换机的方法。

三、实验原理

在两台交换机上配置 VLAN 1 的 IP 地址，用双绞线将两台交换机的 F0/1 端口连接起来，分别配置 Telnet，然后就可以实现在每台交换机以 Telnet 的方式登录另一台交换机。

四、实验拓扑

在交换机上配置 Telnet 实验网络拓扑图如图 10-1 所示。

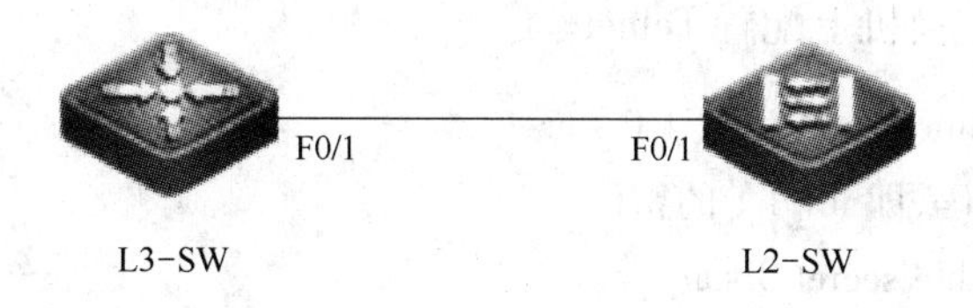

图 10-1　在交换机上配置 Telnet 实验网络拓扑图

五、实验设备

二层交换机 1 台、三层交换机 1 台。

六、实验步骤

第一步：在两台交换机上配置主机名、管理 IP 地址。

S3760(config)#hostname L3-SW

！配置 3 层交换机的主机名

L3-SW(config)#interface vlan 1

！配置 3 层交换机的管理 IP 地址

L3-SW(config-if)#ip address 192.168.1.1 255.255.255.0

L3-SW(config-if)#no shutdown

L3-SW(config-if)#end

S2126G (config)#hostname L2-SW

！配置 2 层交换机的主机名

L2-SW(config)#interface vlan 1

！配置 2 层交换机的管理 IP 地址

L2-SW(config-if)#ip address 192.168.1.2 255.255.255.0

L2-SW(config-if)#no shutdown

L2-SW(config-if)#end

第二步：在三层交换机上配置 Telnet。

L3-SW(config)#enable password 0 star

！配置 enable 的密码

L3-SW(config)#line vty 0 4

！进入线程配置模式

L3-SW(config-line)#password 0 star

！配置 Telnet 的密码

L3-SW(config-line)#login

！启用 Telnet 的用户名密码验证

L3-SW(config-line)#exit

第三步：在二层交换机上配置 Telnet。

L2-SW(config)#enable secret level 1 0 star

！配置 Telnet 的密码，即 level 1 的密码

L2-SW(config)#enable secret 0 star

！配置 enable 密码，默认是 level 15 的密码

第四步：使用 Telnet 远程登录。

可以在 3 层交换机 L3-SW 上以 Telnet 的方式登录 2 层交换机 L2-SW，进行验证：

L3-SW#telnet 192.168.1.2

Trying 192.168.1.2, 23...

User Access Verification

Password:

！提示输入 Telnet 密码，输入设置的密码 star

L2-SW > enable

Password:

！提示输入 enable 密码，输入设置的密码 star

L2-SW#

！现在已经进入了二层交换机 L2-SW，可以正常的进行配置

L2-SW#

L2-SW#exit

！使用 exit 命令退出 Telnet 登录

L3-SW#

可以在 2 层交换机 L2-SW 上以 Telnet 的方式登录 3 层交换机 L3-SW，进行验证：

L2-SW#telnet 192.168.1.1

Trying 192.168.1.1 ... Open

User Access Verification

Password:

！提示输入 Telnet 密码，输入设置的密码 star

L3-SW > en

Password:

！提示输入 enable 密码，输入设置的密码 star

L3-SW#

L3-SW#exit

[Connection to 192.168.1.1 closed by foreign host]

！使用 exit 命令退出 Telnet 登录

L2-SW#

七、注意事项

如果没有配置 enable 的密码，将不能登录到交换机进行配置，可以进入用户模式，但无法进入特权模式，二层交换机此时的提示信息为“% No password set”，三层交换机此时的提示信息为“Password required, but none set”。

实验三十五　利用 TFTP 升级现有交换机操作系统

一、实验目的

能够利用 TFTP 升级现有交换机操作系统。

二、实验要求

在计算机上安装 TFTP 服务器，通过 TFTP 升级交换机的操作系统。

三、实验拓扑

升级重写交换机操作系统拓扑图如图 10-2 所示。

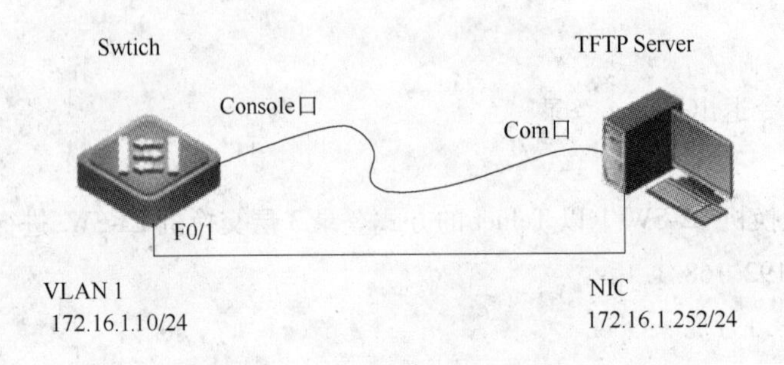

图 10-2 升级、重写交换机操作系统拓扑图

四、实验设备

交换机 1 台、计算机 1 台。

五、实验步骤

第一步：检查交换机现有的操作系统版本。

```
Switch#show version
System description : Red-Giant Gigabit Intelligent Switch(S2126G) By
Ruijie Network
System uptime : 0d:0h:1m:42s
System hardware version : 3. 3
System software version : 1. 66 Build Jun 29 2006 Release
System BOOT version : RG-S2126G-BOOT 03-02-02
System CTRL version : RG-S2126G-CTRL 03-11-02
Running Switching Image : Layer2
```

从中可以看到，现在的交换机操作系统版本为 1. 66。

第二步：运行 TFTP 服务器并将升级文件存放在 TFTP 服务器目录下。

安装 TFTP Server 的计算机 IP 地址为 172. 16. 1. 252/24，将升级文件（s2126g-v1. 68. bin）放置在 Star TFTP 的安装目录下，如图 10-3 所示。

运行 TFTP Server，Star TFTP Server 的界面如图 10-4 所示。

第三步：配置交换机管理 IP 地址。

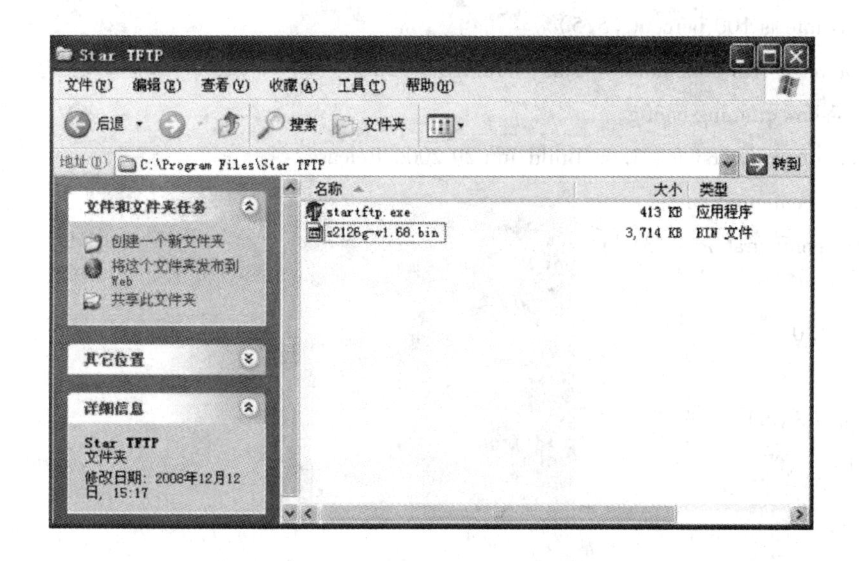

图 10-3　安装 TFTP Server

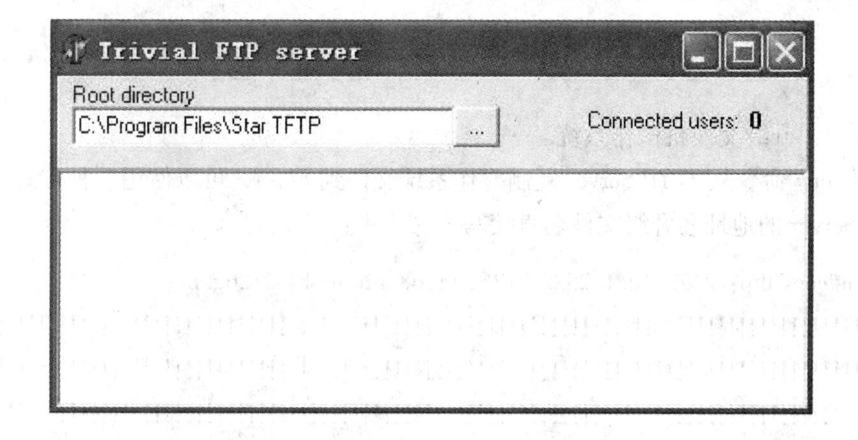

图 10-4　运行 TFTP Server

```
Switch#configure terminal
Switch(config)#interface vlan 1
Switch(config-if)#ip address 172.16.1.10 255.255.255.0
Switch(config-if)#no shutdown
Switch(config-if)#end
```

验证交换机的配置和 TFTP Server 的连通性：

```
Switch#ping 172.16.1.252
Sending 5, 100-byte ICMP Echos to 172.16.1.252,
timeout is 2000 milliseconds.
!!!!!
```

```
Success rate is 100 percent (5/5)
Minimum = 1ms Maximum = 5ms, Average = 2ms
Switch#show running-config
System software version : 1. 66 Build Jun 29 2006 Release
Building configuration…
Current configuration : 131 bytes
!
version 1. 0
!
hostname Switch
vlan 1
!
interface vlan 1
no shutdown
ip address 172. 16. 1. 10 255. 255. 255. 0
!
End
```

第四步：升级交换机操作系统。

使用 copy 命令从 TFTP Server 复制操作系统文件到 Flash，可以使用 2 种方式，第一种将 TFTP Server 的地址和升级文件名直接写入命令中：

```
Switch#copy tftp://172. 16. 1. 252/s2126g-v1. 68. bin flash:s2126g. bin
    !!!!!!!!!!!!!!!!!!!!!!!!!!!!!!!!!!!!!!!!!!!!!!!!!!!!!!!!!!!!!!!!!!!!!!!!!!!!!!!!!!!!!!!!!!!!!!!!
!!!!!!!!!!!!!!!!!!!!!!!!!!!!!!!!!!!!!!!!!!!!!!!!!!!!!!!!!!!!!!!!!!!!!!!!!!!!!!!!!!!!!!!!!!!!!!!!!!!!
!!!!!!!!!!!!!!!!!!!!!!!!!!!!!!!!!!!!!!!!!!!!!!!!!!!!!!!!!!!!!!!!!!!!!!!!!!!!!!!!!!!!!!!!!!!!!!!!!!!!
!!!!!!!!!!!!!!!!!!!!!!!!!!!!!!!!!!!!!!!!!!!!!!!!!!!!!!!!!!!!!!!!!!!!!!!!!!!!!!!!!!!!!!!!!!!!!!!!!!!!
!!!!!!!!!!!!!!!!!!!!!!!!!!!
%Success : Transmission success,file length 3802676
```

第二种可以不在命令中写入，而是等待提示输入：

```
Switch#copy tftp flash:s2126g. bin
Source filename [ ]? s2126g-v1. 68. bin
Address of remote host [ ]172. 16. 1. 252
    !!!!!!!!!!!!!!!!!!!!!!!!!!!!!!!!!!!!!!!!!!!!!!!!!!!!!!!!!!!!!!!!!!!!!!!!!!!!!!!!!!!!!!!!!!!!!!!!
!!!!!!!!!!!!!!!!!!!!!!!!!!!!!!!!!!!!!!!!!!!!!!!!!!!!!!!!!!!!!!!!!!!!!!!!!!!!!!!!!!!!!!!!!!!!!!!!!!!!
!!!!!!!!!!!!!!!!!!!!!!!!!!!!!!!!!!!!!!!!!!!!!!!!!!!!!!!!!!!!!!!!!!!!!!!!!!!!!!!!!!!!!!!!!!!!!!!!!!!!
!!!!!!!!!!!!!!!!!!!!!!!!!!!!!!!!!!!!!!!!!!!!!!!!!!!!!!!!!!!!!!!!!!!!!!!!!!!!!!!!!!!
%Success : Transmission success,file length 3802676
```

第五步：重新启动交换机，验证结果。

```
Switch#reload
System configuration has been modified. Save? [yes/no]:n
Proceed with reload? [confirm]
```

使用 reload 命令重新启动交换机，待启动完毕可以验证操作系统版本，可以看到已经升级到了 1.68 版本：

```
Switch#show version
System description : Red-Giant Gigabit Intelligent Switch(S2126G) By
Ruijie Network
System uptime : 0d:0h:0m:33s
System hardware version :3.3
System software version:1.68 Build Apr 25 2007 Release
System BOOT version:RG-S2126G-BOOT 03-02-02
System CTRL version:RG-S2126G-CTRL 03-11-02
Running Switching Image:Layer2
```

六、注意事项

（1）保证交换机的管理 IP 地址和 TFTP 服务器的 IP 地址在同一个网段。
（2）确保在升级过程中不断电，否则可能造成操作系统被破坏。

实验三十六　利用 ROM 方式重写交换机操作系统

一、实验目的

当交换机操作系统丢失后，能够利用 ROM 方式重写交换机操作系统。

二、实验要求

在计算机上安装 TFTP 服务器，通过 XModem 方式重写交换机的操作系统。

三、实验拓扑

重写交换机操作系统拓扑图如图 10-2 所示。

四、实验设备

交换机 1 台、计算机 1 台。

五、实验步骤

第一步：启动 TFTP 服务器。

启动 TFTP 服务器，保持 TFTP 服务器和交换机连接正常。

第二步：设置超级终端的每秒位数为 57600。

启动 TFTP 服务器上的超级终端，设置 Com 口属性的每秒位数为 57600，数据位为 8，奇偶校验为无，停止位为 1，数据流控制为无，如图 10-5 所示。

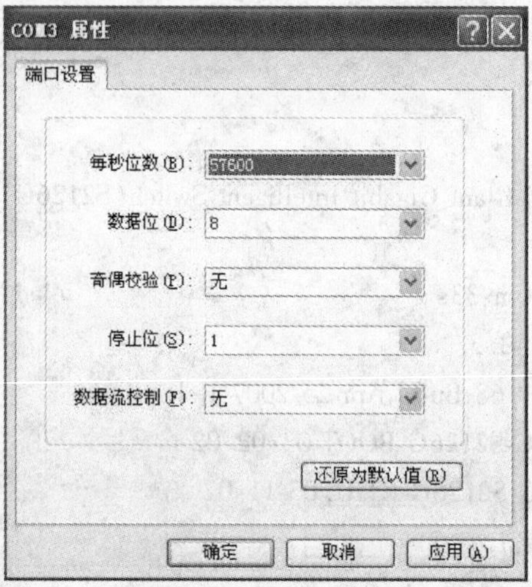

图 10-5 设置中断参数

第三步：交换机加电。

交换机加电后立刻有节奏的按 Esc 键，会出现如图 10-6 所示的提示界面，此时输入“y”：

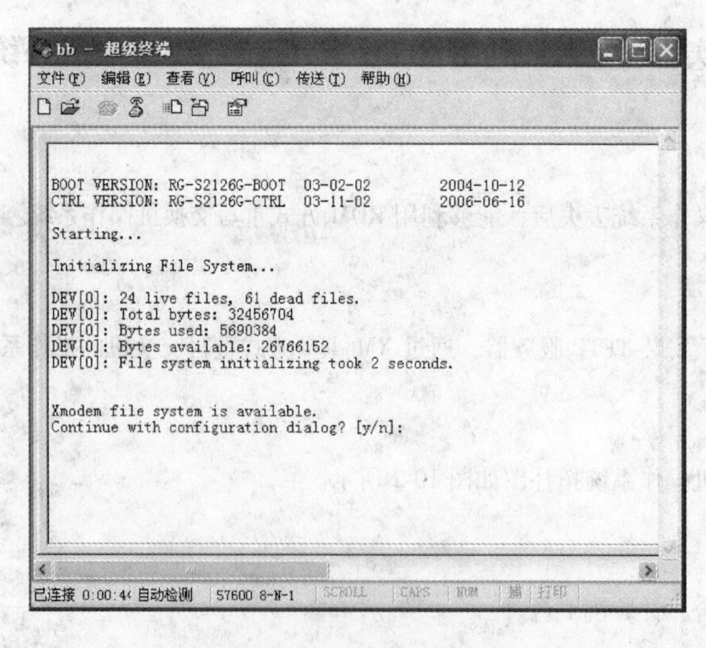

图 10-6 交换机加电

然后会出现如图 10-7 所示的选项菜单，选择“1—Download”，并按照提示输入交换机操作系统文件的文件名。

图 10-7　输入操作系统文件名

输入文件名完毕后回车，超级终端开始传送文件，在看到出现一连串“⊥”符号时，立刻在超级终端窗口的菜单中选择“传送”—“发送文件”，如图 10-8 所示。

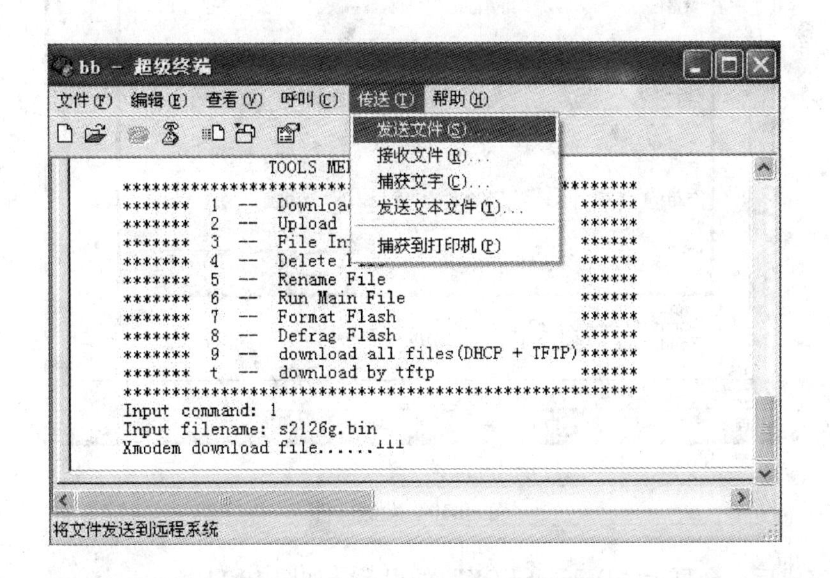

图 10-8　超级终端传送文件

这时会弹出一个对话框，在“文件名”框中输入文件名和完整的路径（或通过“浏览”找到），在“协议”下拉列表框中选择“XModem”，如图 10-9 所示。

图 10-9　选择文件名

点击“发送”按钮后，开始传送文件，其界面如图 10-10 所示。整个传送过程用时较长，可以看到提示需要 37min 左右。

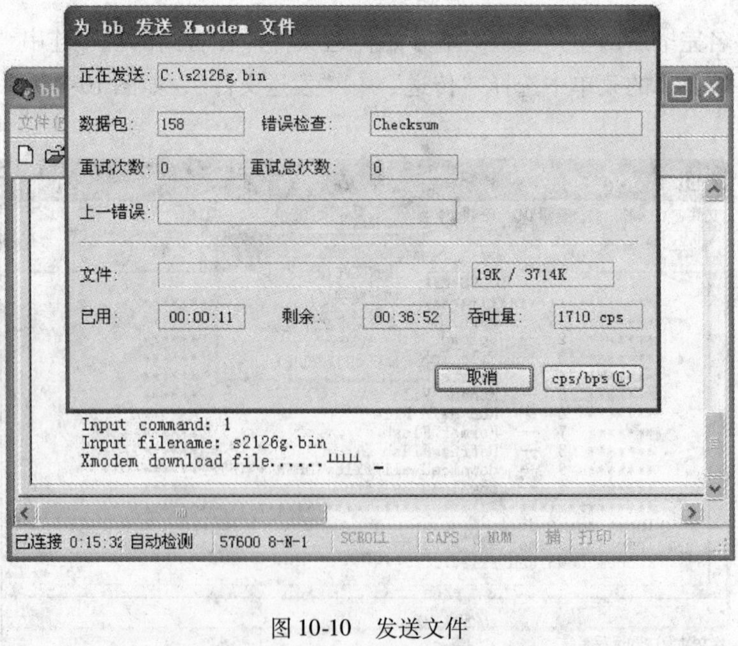

图 10-10　发送文件

传输完成后，会显示“Download OK”的提示，如图 10-11 所示。

第四步：重新启动交换机。

此时重新启动交换机，就会发现操作系统已经重新写入 Flash，能够正常启动和引导交换机了。

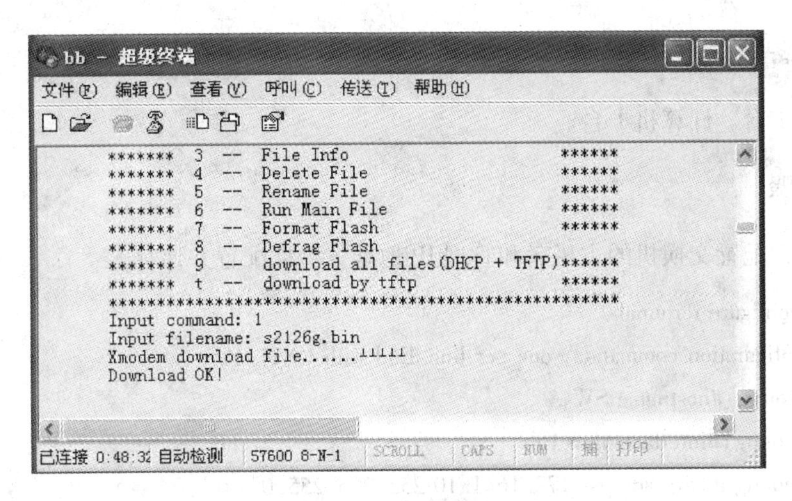

图 10-11　完成文件发送

六、注意事项

（1）这种方法速度较慢。

（2）建议将连接 TFTP 服务器的网线接在交换机的 0/1 端口。

（3）操作系统文件传输过程中，注意不能断电。

（4）操作系统传输完毕后，重新启动交换机。

实验三十七　利用 TFTP 备份、还原交换机配置文件

一、实验目的

了解并掌握从 TFTP 服务器备份、还原设备配置。

二、实验要求

在计算机上安装 TFTP 服务器，通过 TFTP 升级交换机的操作系统。

三、实验拓扑

备份、还原交换机配置文件实验拓扑图如图 10-12 所示。

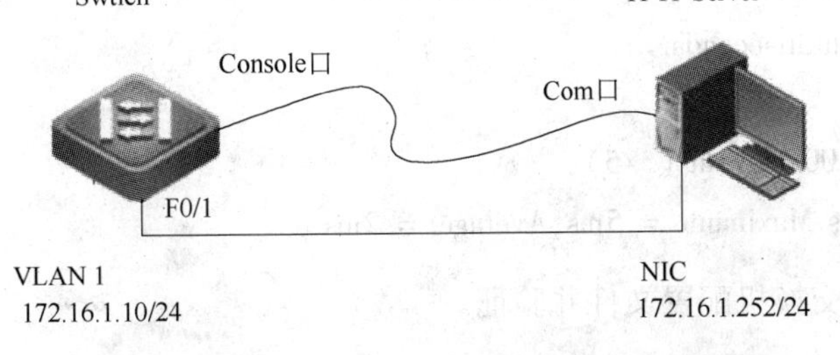

图 10-12　备份、还原交换机配置文件实验拓扑图

四、实验设备

交换机1台、计算机1台。

五、实验步骤

第一步：配置交换机的主机名和管理IP地址，验证配置并保存。

```
Switch#configure terminal
Enter configuration commands, one per line. End with CNTL/Z.
Switch(config)#hostname SW-A
SW-A (config)#interface vlan 1
SW-A (config-if)#ip address 172. 16. 1. 10 255. 255. 255. 0
SW-A (config-if)#no shutdown
SW-A (config-if)#end
SW-A #show ip interface
Interface:VL1
Description:Vlan 1
OperStatus:up
ManagementStatus:Enabled
Primary Internet address:172. 16. 1. 10/24
Broadcast address:255. 255. 255. 255
PhysAddress:00d0. f88b. ca33
SW-A# copy running-config startup-config
Building configuration...
[OK]
SW-A#
```

第二步：打开TFTP服务器，验证和TFTP服务器的连通性。

安装TFTP Server的计算机IP地址为172. 16. 1. 252/24，打开TFTP Server，验证交换机和TFTP Server的连通性：

```
SW-A#ping 172. 16. 1. 252
Sending 5, 100-byte ICMP Echos to 172. 16. 1. 252,
timeout is 2000 milliseconds.
!!!!!
Success rate is 100 percent (5/5)
Minimum = 1ms Maximum = 5ms, Average = 2ms
```

第三步：备份交换机配置文件并验证。

```
SW-A#copy startup-config tftp
```

Address of remote host [ ]172. 16. 1. 252

Destination filename [config. text]? s2126g-config. text

!

% Success:Transmission success,file length 129

此时在 TFTP Server 的安装目录下可以看到文件 s2126g-config. text，如图 10-13 所示。

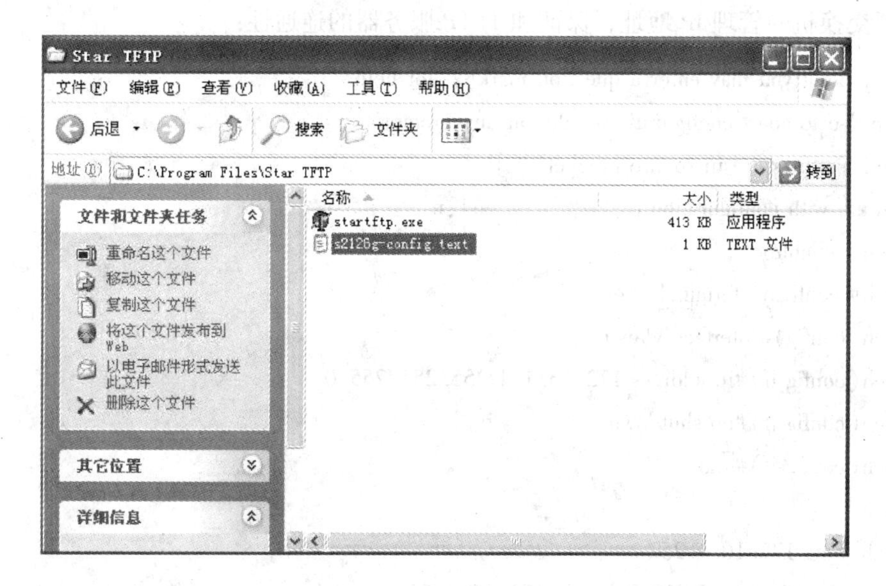

图 10-13　查看备份完成的文件

文件 s2126g-config. text 的内容如图 10-14 所示。

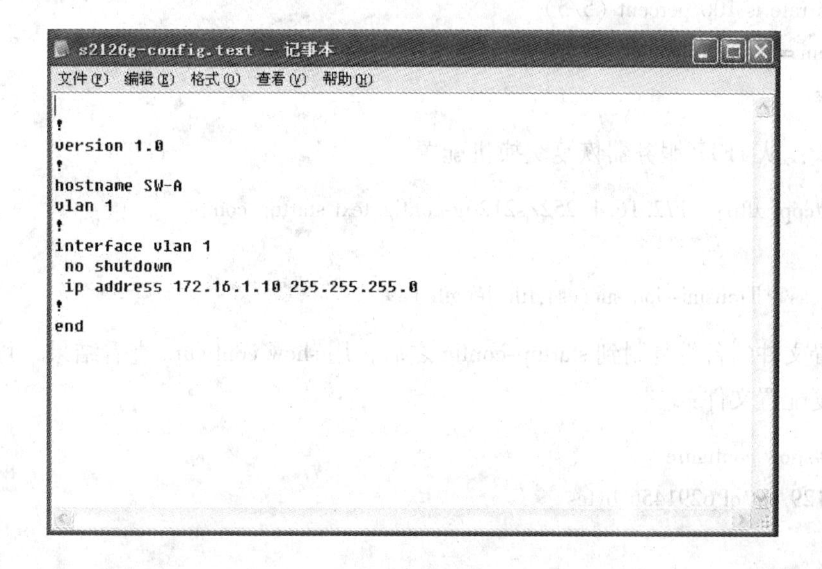


```
!
version 1.0
!
hostname SW-A
vlan 1
!
interface vlan 1
 no shutdown
 ip address 172.16.1.10 255.255.255.0
!
end
```

图 10-14　配置文件内容

第四步：删除交换机配置文件并重新启动。

```
SW-A#delete flash:config. text
SW-A#reload
System configuration has been modified. Save? [yes/no]:n
Proceed with reload? [confirm]
```

交换机重新启动后失去配置文件，会提示是否进入对话模式，选择“n”进入命令行模式配置交换机的管理 IP 地址，保证和 TFTP 服务器的连通性：

```
At any point you may enter a question mark' ? 'for help.
Use ctrl-c to abort configuration dialog at any prompt.
Default settings are in square brackets '[ ]'.
Continue with configuration dialog? [yes/no]:n
Switch > enable
Switch# configure terminal
Switch(config)#interface vlan 1
Switch(config-if)#ip address 172. 16. 1. 1 255. 255. 255. 0
Switch(config-if)#no shutdown
Switch(config-if)#end
Switch#
Switch#ping 172. 16. 1. 252
Sending 5, 100-byte ICMP Echos to 172. 16. 1. 252,
timeout is 2000 milliseconds.
!!!!!
Success rate is 100 percent (5/5)
Minimum = 1ms Maximum = 12ms, Average = 3ms
Switch#
```

第五步：从 TFTP 服务器恢复交换机配置。

```
Switch#copy tftp://172. 16. 1. 252/s2126g-config. text startup-config
!
%Success : Transmission success, file length 129
```

将配置文件的备份复制到 startup-config 之后，用 show configure 查看结果，可以看到已经成功恢复配置文件：

```
Switch#show configure
Using 129 out of 6291456 bytes
!
version 1. 0
!
hostname SW-A
```

```
vlan 1
!
interface vlan 1
no shutdown
ip address 172.16.1.10 255.255.255.0
!
End
```

不过用 show running-config 可以看到此时内存中生效的配置却是当前的配置：

```
Switch#show running-config
System software version : 1.68 Build Apr 25 2007 Release
Building configuration...
Current configuration : 130 bytes
!
version 1.0
!
hostname Switch
vlan 1
!
interface vlan 1
no shutdown
ip address 172.16.1.1 255.255.255.0
!
End
```

第六步：重新启动交换机使新的配置生效。

```
Switch#reload
System configuration has been modified. Save? [yes/no]:n
Proceed with reload? [confirm]
RG21 Ctrl Loader Version 03-11-02
Base ethernet MAC Address:00:D0:F8:8B:CA:33
Initializing File System...
DEV[0]: 25 live files, 59 dead files.
DEV[0]: Total bytes: 32456704
DEV[0]: Bytes used: 5690681
DEV[0]: Bytes available: 26765855
DEV[0]: File system initializing took 7 seconds.
Executing file: flash:s2126g.bin CRC ok
```

```
Loading "flash:s2126g. bin"……………………… OK
Entry point: 0x00014000
executing…
RuiJie Internetwork Operating System Software
S2126G(50G26S) Software (RGiant-21-CODE) Version 1.68
Copyright (c) 2001-2005 by RuiJie Network Inc.
Compiled Apr 25 2007, 14:51:50.
Entry point: 0x00014000
Initializing File System…
DEV[1]: 25 live files, 59 dead files.
DEV[1]: Total bytes: 32456704
DEV[1]: Bytes used: 5690681
DEV[1]: Bytes available: 26765855
Initializing...
Done
2008-12-12 10:25:04 @5-WARMSTART:System warmstart
2008-12-12 10:25:05 @5-LINKUPDOWN:Fa0/1 changed state to up
2008-12-12 10:25:05 @5-LINKUPDOWN:VL1 changed state to up
SW-A>enable
SW-A#show running-config
System software version : 1.68 Build Apr 25 2007 Release
Building configuration…
Current configuration:129 bytes
!
version 1.0
!
hostname SW-A
vlan 1
!
interface vlan 1
no shutdown
ip address 172.16.1.10 255.255.255.0
!
end
SW-A#
```

六、注意事项

保证交换机的管理 IP 地址和 TFTP 服务器的 IP 地址在同一个网段。

实验三十八　查看交换机系统运行状态

一、实验目的

熟练掌握查看交换机系统运行状态的命令。

二、实验要求

能够使用命令查看交换机系统运行状态。

三、实验步骤

第一步：显示系统 CPU 利用率。

```
Ruijie# show cpu
=======================================
CPU Using Rate Information
CPU utilization in five seconds: 25%
CPU utilization in one minute : 20%
CPU utilization in five minutes: 10%
NO 5Sec 1Min 5Min Process
0 0% 0% 0% LISR INT
17% 2% 1% HISR INT
20% 0% 0% ktimer
30% 0% 0% atimer
40% 0% 0% printk_task
50% 0% 0% waitqueue_process
```

在上面的列表中，开头的 3 行分别表示系统在最近 5s、最近 1min、最近 5min 内总的 CPU 利用率情况（包括 LISR、HISR 和任务）。下面则是具体的 CPU 利用率分布情况。其中，每一列的含义如下：

（1）No 代表序号。

（2）5Sec 代表每一行表示的任务在最近 5s 内的 CPU 利用率。

（3）1Min 代表每一行表示的任务在最近 1min 内的 CPU 利用率。

（4）5Min 代表每一行表示的任务在最近 5min 内的 CPU 利用率。

（5）Process 代表任务名称。

表格的前 2 行比较特殊，分别表示所有 LISR 的 CPU 利用率和所有 HISR 的 CPU 利用率，从第 3 行开始，就表示任务的 CPU 利用率了。最后一行是 idle 线程的 CPU 利用率，跟 Windows 下的“System Idle Process”一样，表示系统的空闲状态。在上面的例子中，idle 线程 5s 内的 CPU 利用率为 75%，说明当前 CPU 有 75% 是处于空闲状态。

第二步：使用 show memory 命令将显示系统总的内存使用情况和内存状态的相关信息。

```
Ruijie#show memory
Buddy System info ( Active: 4, inactive: 2, free: 19958 ) :
Zone : DMA
watermarks:min 429,low 1716,high 2574
watermarks:min 0,low 0,high 0
watermarks:min 0,low 0,high 0
Totalpages:25780(103120KB),freepages:19958(79832KB)
System Memory Statistic:
Total Objects:89128,Objects Using size 20428KB
System Total Memory:128MB,Current Free Memory:81066KB
slabinfo-(statistics)
==========================================
cache objects slabs statistics
------------------------------------------------------------------------------------------
memory-cache-name active number size active number order high alloc grown reaped error
kmem_cache 86 87 132 3 3 1 86 86 3 0 0
ssp_rx_packet_pool 2044 2044 2048 1022 1022 1 2044 2044 1022 0 0
ssp_emergen_mem 0 1024 512 0 128 1 1024 1024 128 0 0
tcp_tw_bucket 0 0 224 0 0 1 0 0 0 0 0
tcp_bind_bucket 1 59 32 1 1 1 1 1 1 0 0
```

参 考 文 献

[1] 谢希仁．计算机网络[M]．北京：电子工业出版社，2003.
[2] 曹庆华．网络测试与故障诊断实验教程[M]．北京：清华大学出版社，2006.
[3] 刘文清．计算机网络技术基础[M]．北京：中国电力出版社，2005.
[4] 胡胜红，毕娅．网络工程原理与实践教程[M]．北京：人民邮电出版社，2008.
[5] 石硕．交换机/路由器及其配置[M]．北京：电子工业出版社，2003.
[6] Tanenbaum A S. 计算机网络(第4版)[M]．北京：清华大学出版社，2004.
[7] Comer D E Internet Working with TCP/IP(Vol. 1)[M]. Principles, Protocols and Architectures. 北京：人民邮电出版社，2002.
[8] 谢乐军．计算机网络应用基础[M]．北京：冶金工业出版社，2003.
[9] 华育迪赛信息系统有限公司．华育综合布线工程实训平台教学指导书[Z].
[10] 锐捷网络有限公司．锐捷网络大学实验指导书[Z].